知死方生

KNOWING DEATH

生死必修课

唐婧 何心——著

中国工人出版社

我们穿经黑暗，是为了寻找光明

谨以此书，致敬挚爱的彼此

推荐序 1

我所亲历的生、死与爱

接到为本书作序的邀请，我甚为意外。一则，自己一介布衣、名不见经传；二则，文笔不济、资质平平；贸然作序，恐会耽误了本书的大好前程，一时心下惶恐。但好友唐婧老师坚持再三，她说："你是医生——武汉前线抗疫的亲历者——经历了那么多生死离别，难道没有什么话想和我们说吗？"我想了想，确实是有的。只是思绪如潮、万般感触，不知从何说起。好吧，今日就借唐婧老师三分宝地，说一说这些日子以来，我哽在心底的话。

犹记得与唐婧老师初识，是数年前一个谈话类节目的录制现场。参与录制的是一名肺癌患者，一名医生（我），一名见证者以及一位心理医生（唐婧）。唐婧当时化着淡妆，眼神清澈，气质温暖敏锐，有一种直指人心的明亮。她是主持人，引导我们对生命与死亡进行了深入的思考和探讨。毫无疑问，这是一个一言难尽的主题。那一天，我们谈了整整一个下午。其间诸多细节，多年后已在我脑中模糊。唯有一句话，始终清晰如镜——那位患者说，自己以前一心扑在事业上，一年到头顾不上陪家人好好吃一顿饭。现在才明白，**“世界上最有意义的奋斗，不是为了事业、名利或情怀，而是为了生命本身”**。

当时，只觉得这话颇有余味，值得珍藏。未曾想到，多年以后，经历了那么多的生生死死，方才解得其中深意。

“新冠”之战——白衣披甲，临危受命

2019 年末，新型冠状病毒横空出世。短短月余，便席卷神州大地。一时间，人心惶惶，风雨飘摇。武汉首当其冲，成为被病毒沦陷的重灾区。我所在的北京协和医院医疗队临危受命，于 2020 年 1 月 26 日（大年初二）连夜空降武汉，万里驰援。

武汉是我大学时代曾生活过 7 年的地方，乡愁犹在。然而再次见它，却恍若隔世。昔日热闹喧哗的街道，如今空无一人；原本灯火通明的写字楼群，突然陷入黑暗之中。偶有救护车的鸣笛声划破夜空，更显得整个城市一片死寂。记忆中的盛世对比今日的清冷，在这寒冬的夜里，尤显得刺骨凛冽。

我们被安排到武汉同济医院中法新城院区，接管新组建的重症监护室（ICU），共32张床位。在最初的两周内，困难远超我们想象：1. 武汉疫情持续恶化，确诊人数不断攀升，拐点持续不现；2. 尽管得到社会力量及海外华人华侨的捐赠支持，防疫物资仍捉襟见肘；3. 由于患者众多，各大医院发热门诊人满为患，住院资源紧缺；4. 当地医务人员出现感染病例，我们的处境也很危险。

外有强敌，内乏粮草，损兵折将，时局莫测——“新冠”这一役，开场就给了我们一个凌厉的下马威。

2月4日晚，由普通病房临时改建的ICU启动。当夜，我们就收治了18名危重患者。次日，病房全满。

患者们皆由“疫情指挥部”辗转多家医院收治而来，由于事出紧急，为了快速完成患者的转运和救治，护送患者的急救人员对他们具体的发病细节也不十分清楚，只能按照病情分级确定为危重患者。他们有的已经气管插管；有的缺氧严重、神志不清；稍微好一点的也是用力喘着，无法言语成句。对于我们医护而言，仔细询问病史已不可能。我们只能依据性别、大致年龄、以及患者生命体征，立刻做出判断和处理，否则，生命稍纵即逝。

32名患者中，高峰时期有28名需要气管插管、使用呼吸机，另外4名也需无创呼吸机或高流量吸氧。

巨大的氧气需求令人始料未及。氧气供应中心的压力始终无法达到理想状态，所有呼吸机都发出“滴滴”的报警声，此起彼伏。病房嘈杂轰鸣，如同战场。我们身穿防护服，犹如战士，在与死神的殊死搏斗中，争分夺秒，抢救着每一个生命。

然而，新型冠状病毒的凶险远超我们的预期。对于危重型患者，除了呼吸衰竭外，还容易出现凝血异常、弥散性血管内凝血、心肌损伤、肾功能损害等。虽然我们使尽浑身解数，紧追病情不断调整治疗方案和处理措施，仍有大量患者撒手人寰。

战斗刚开始就进入了白热化阶段，伤亡异常惨烈。

而我们这支被外界称为“协和天团”的医疗队伍，也不得不面对昔日骄傲的幻灭——我们不得不面对自己的肉体凡胎，病毒它如此强大、无处不在，打得我们狼狈不堪。而**这样的时刻，是没有“协和天团”的“天兵天将”存在的，我们只能用自己的血肉之躯，去守护他们的血肉之躯。**

我所亲历的生、死与爱

由于病人入院时大多仓促，医院的信息系统里只能查到患者家属的一个联系电话。每次给患者家属打电话，电话那头的哭声让我不忍打断。我只能压下自己内心的潮涌去安慰他们，陪伴些许暖心的话。

有时，电话那头会告诉我们，自己的其他亲人刚在不久前去世，或者自己也在其他医院住院或刚出院不久。也有的家属在电话里说，想来病房见见自己亲人最后一面。这个要求是最让我们心碎的，却仍不得不婉拒——新冠病毒传染性太强，真的无法床旁告别。无奈，我们只能眼睁睁地看着患者在没有亲人的陪伴下离世，至死也没能给家人留下只言片语。我们唯一能为他们做的，就是完整地填好死亡单，待火葬场通知家属领取完亲人骨灰后，再把逝者的遗物妥善地交给家人。

每当有患者去世，我们医疗团队都会给他深深地鞠上一躬，然后仔细清点好他所有的随身遗物。因为这些东西，是患者唯一留给家人的念想，也承载着家人对他们所有的眷念与追忆。

遗物的交接也是我们工作的一部分：一部手机有着患者和家人美好回忆的照片，我们要替家人好好保管；钱包里的身份证、活页夹里的家庭合影照片，都清晰地诉说着患者有一个他所深爱的家庭，让人看着泪目，我们要替家人好好保管；患者的随身饰品，保留着患者生前的爱好和信仰，也许是家人送给他的礼物，我们要替家人好好保管……**等着疫情结束，等着武汉解封，等着深爱他们的家人来，好好的，带他们回家。**

这一切一切的经历，来之前我是有过心理准备的。然而，仍未料到如此惨痛。

当然，这其间也不乏生命的奇迹。这些故事我一定要告诉你们。

比如，我的病人顾老，就是其中的奇迹之一。顾老是一位60多岁的退休物理老师。他家庭幸福美满，平时喜欢种花种草，弹得一手好钢琴，可以说多才多艺。女儿已成家立业，还有一个聪明可爱的小外孙女，正享受着天伦之乐。然而，这场突入其来的瘟疫，让这个家庭支离破碎。老伴病重，顾老自己病危，他被送到了我们病区。

初来时，顾老病情非常严重，呼吸衰竭，我们立刻给他做了气管插管。但，顾老很快出现指端发黑，血小板指标进行性下降。后来CT检查发现他双侧大面积脑梗。我们很快查明，他出现了极罕见的新冠病毒感染后继发灾难性“抗磷脂抗体综合征”，我们随即立即调整治疗方案做抗凝、血浆置换等处理。之后，顾老病情逐渐稳定下来。但，右侧食指坏疽，恐怕再也无法弹钢琴了。除此以外，如此大面积脑梗，顾老还能醒过来吗？说实话，我们心里也没底。每次我给顾老的女儿打电话都小心翼翼：交代得太重，完全没有希望，对患者家属是一种巨大的心理打击；交代得太轻，给家属希望越大，有可能，随后的失望也越大。

经过两周的漫长等待，有一天，顾老突然睁开了双眼。我们大声呼喊他的名字，但他似乎对我们的呼喊没有反应。我立即打电话给顾老的女儿，对她说：“你可以录一段视频给我吗？我放给你父亲看。或许会对唤醒他有帮助！”很快，她发给我了一段视频。视频里，有大病初愈的老伴深情的期盼，有女儿鼓励父亲要好好配合医生治疗，有年幼的外孙女声声呼唤外公回家，她们说：“我们全家等着你！”我拿着手机，把视频播放给顾老看。当视频中出现他自己的亲人，耳畔响起亲人对他的第一声呼唤时，我清晰地看到顾老浑身一颤。那一刻，我心里清楚，他都听到了，她们是他的希望，他会为了她们战斗下去。

我把这个消息告诉队里的其他成员，大家都很振奋，此后的日子似乎格外有力量。我们都知道，我们的工作更有意义了——**这种意义不仅仅是救死扶伤，而更多的，是让爱延续，让生命的力量得以因爱重生！**

将视频每天放在顾老耳边，让他每天听到亲人对他的呼唤，成为我们工作交班时一件很重要的事情。在这以后，虽历经了肺部继发细菌感染、败血症、感染性休克、急性肾功能损伤等，顾老的情况却一日赛一日地逆势而上，意识状态也越发进步。后来，我们给顾老做了气管切开，又顺利地摘除了呼吸机。虽然脑梗塞遗留下右侧偏瘫，抗磷脂抗体综合征导致他右侧食指栓塞坏疽无法恢复。但，他顽强地活下来了。虽余生需要家人照料，虽再也不能种花和弹琴，**但，活着，就是命运对于我们、对于爱，最大的恩赐。**

再后来，我结束支援任务返京了，不再知悉顾老的后续状况。但，他看到视频那一刻浑身一颤的画面，仍深深定格在我的脑海，时不时浮于眼前。我想，身为医生，我们能做的真的太少，只是如特鲁多医生的墓志铭：“有时，去治愈；常常，去帮助；总是，去安慰。”

真正让顾老起死回生的，不是我们，是爱！

我所见的另一个奇迹是晏阿姨。她也是我的患者，新冠病毒侵袭了她原本幸福的家庭。住院期间，晏阿姨老伴去世，她尚不知情。我给晏阿姨的女儿打电话，她伤心欲绝，反复请求我一定要将妈妈救回来。她说，她已失去了父亲，不能再失去母亲了。不过短短 1 个月，她该怎样面对自己即将成为孤儿这个现实？电话里我一时语塞，不知该如何安慰她。后来，我通过其他媒体知道，晏阿姨的女儿顶着巨大的压力，将父亲的遗体捐献用于医学研究，希望能够让医生更多地了解新型冠状病毒，希望能够帮助到自己的妈妈和更多的患者。

那一刻，我哭了，我感动于这位女儿的勇敢和深情，感动于她对妈妈、对于这个世界深深的爱！

在我们的精心治疗下，在女儿每天视频的鼓励下，晏阿姨病情日趋平稳，最终拔出气管插管，脱离呼吸机转入了普通病房继续康复。

这样的故事还有很多。在武汉，在同济医院中法新城院区 ICU 病房，我们和他们，一起创造了一个又一个的奇迹。

有时，你会感慨人的生命如此脆弱，脆弱得你猝不及防；有时，你又会震撼于，人的生命如此顽强，顽强到你都绝望了，它又给你希望。**命运像深黑的泥土，一次次企图将我们埋葬，却不知我们原是种子，会破土而出，长成一整个春天。**

武汉的春天又来了。樱花又开了。又可以站在蓝天下，看云舒云卷了。我知道，这片土地上的人们，会带着伤也带着爱，比以往任何时候都更加努力更加勇敢地生活下去。我想，**这也是《知死方生：生死必修课》这本书到来的最有意义的时刻，去帮助人们——看待生死、走出哀伤，让逝者的爱得以延续，让生者更有勇气、更满怀希望地活下去**！

也许，只有当一个人无限靠近死亡之后，才会真正懂得生命的意义。如今，我终于明白了多年以前那位癌症患者的话：“**世界上最有意义的奋斗，不是为了事业、名利或情怀，而是为了生命本身。**”

是的，为了你深爱的亲人，为了千千万万人深爱的亲人，你便会无所畏惧、义无反顾，“黄沙百战穿金甲，不破楼兰终不还”！

所幸，武汉守住了，我们回来了。所幸，《知死方生：生死必修课》上架了，有人替我们接着守护武汉的余伤了。这样真好！

若凡人不可永生，唯爱可以。那，让我们好好爱！

赵　静

北京协和医院国家援鄂抗疫医疗队医生

2020 年 4 月 22 日于北京昌平

推荐序 *2*

在告别的年代活好自己的每一天

很感谢唐婧老师邀请我为她的新书写序。认识她以来，我们在肿瘤患者的心理康复和陪伴领域有过很多次交流，每每话题都停不下，相互引以为同怀。她深知我这几年来一直以肿瘤患者/康复者以及肿瘤心理陪伴和支持者的双重身份在癌友群体里与大家互动与交流，尤其是在陪伴诸多转移、复发的晚期癌友过程中，有很多想说的话、想述说的故事。在阅读本书文稿时，我的思绪也一次次被唐婧的文字勾起，回到曾经历过的那些难以忘却的场景里，很想一吐为快。然而当我坐下来试图把那些一直盘旋在内心深处的言语变成文字时，却迟迟动不了笔。或许是有太多想法和记忆争先恐后地翻涌着，以至于反而说不出来。

这些年来，陆陆续续送走了很多人，有的甚至是感情非常深、心灵契合、我以为我们会一直相偕走下去的朋友。连连，那个一笑起来眼睛就弯成了美丽月牙、称呼“欧阳姐”时清脆的声音里充满信任的女子；云端，那个虽然身形瘦小，却喜欢唱高亢、昂扬的歌曲，总是以强大的形象出现、不肯示弱得令人心疼的女子；筱暖，那个眼神中透出智慧、灵性和丰富的情感，虽不时有泪水、却始终坚定，在疾病的修行中愈发美丽而更显定力的女子；雪芹，那个爱美、爱笑、爱跳舞，一直梦想着重新一展舞姿，长期分享自己 30 多年的抗癌经验和教训，不顾病体孱弱、失音也要竭力助人的女子……当她们像花儿一样凋零的时候，我一样会难过、落泪，一样会不舍。甚至，在抗癌这条路上不时会感到孤单，因为，在这个世界上，在因癌而结缘、共同探索生命意义的旅途中，那些全然懂得我的倔强与坚守、跟我是同类的生死之交，那些让我感到自己的生命也可以从她们那里获得巨大支持和助力的人，少了一个，又少了一个……

我不去要求自己坚强。让自己的情绪沉浸在难过和不舍中，有时也是我的一种心理需求，因为希望自己与她们，或者她们的灵魂再多待一会儿，去回味那些共同度过、彼此信任、相互扶持的日子，哪怕她们身已离去。可是，我也会对自己的情绪保持一个觉察，提醒自己去觉察和关爱自己的情绪，在情绪里待够了，就要走出来，回到自己的“神”里，回到自己的位置。

我还是要继续我的生活，继续我人生的使命，继续我丰富而

精彩的旅程。

曾经跟他人说，是癌友们用自己的生命，在教我学习和练习：如何去面对生命中一次次的告别，**直至有一天，我们每个人也终将面对与自己的告别**。就在这样一次次的告别中，去慢慢学习坦然接纳、坦然目送、坦然说再见——我们终有一天会去往同一个地方，并在那里再度相见。就像在一趟列车上，我们曾经互为旅伴，相互陪伴着走过了一段旅程。长长的旅途会经过很多车站，有的人提前到站，或许要去转乘其他车次。望着他们离去的背影，含泪道别，感谢彼此曾经的陪伴、支持和鼓励。每个人，如果这一路认真、用心地走过，真诚地相亲相爱、相互扶持过，竭尽全力地争取过、努力过，不错过每一程独自或相伴经历的风景，当离开的时候，我们就能对自己说：我没有白来，我不遗憾。每一个人，每一个灵魂，在每一段旅程中都有各自的使命，即便在不同的时空，我相信，我们都会彼此给予最用心的凝视和祝福。

很庆幸，在这人生的旅途中，能遇到《知死方生：生死必修课》这本书。许多我心里来不及告别的人、来不及说出的话，许多我爱着却不知该如何帮助的人，许多我还没能与自己修通的瘀伤，都因此有了线索和答案。我想，它真是一份珍贵而及时的生命礼物，让我们从生死这个纵深的视角，更完整地看到生命的深意，少一些惊惶、恐惧，多一些从容、安定，在生命的每一个十字路口，找到迷失中的自己，找回心中的温暖和希望。

活着是一件多么幸运的事！愿你我珍惜每一天，不辜负每一个阴晴冷暖、草长莺飞、落叶飞雪的日子！不负此生，不负爱！

欧阳雪梅

北京粉红丝带筑梦空间领袖

铿锵玫瑰战友团守护天使

2020年4月23日

前言 *1*

我们穿经黑暗，是为了寻找光明

亲爱的你：

见字如面。

我是唐婧。一位职业心理咨询师。

与别的心理咨询师不同，我有一半的时间都在与生和死这件事打交道。因为，我的来访者当中，有半数以上都在与死神搏斗。是的，我就是深耕于重疾心理领域的少数践行者——癌症心理康复咨询师。

“死亡”在我的咨询室里，是被讨论得最多的话题之一。

说到死亡，我们都知道它是什么：一个人呼吸心跳停止了，失去了所有的生命体征，不再以一个生命的形式存在于世界上。我们就说，他死了。

那么，**如果我问你，死亡意味着什么，你会如何回答？**这个问题我曾问过许多人，有趣的是，他们都给了我不同的答案。

一位医生告诉我，死亡，意味着灰飞烟灭。意识消亡、身体焚毁，就什么都没有了。他说，生命就是这样一个从有机物回归到无机物的过程，别想太多。

一位肺癌患者告诉我，死亡，意味着巨大的孤独和痛苦。他说，一想到生命尽头，自己会被割开气管，浑身插满管子，不能说话也不能动，孤独地死在病床上，他就恐惧得夜不能寐。

我 88 岁患癌的爷爷，他在病床上告诉我，死亡是一件让他向往的事。死了就不疼了，死了就解脱了。他恳求我们放弃治疗，带他回家，让他在家里终老。

一位企图自杀的家暴受害者，她告诉我，死亡意味着报复。她想用自己的死惩罚施暴的丈夫，让所有人都见证，她这些年所受的苦。

一位35岁身患绝症的单亲妈妈，哭着来找我。她说，死亡意味着，眼睁睁看着两个孩子成为孤儿，父母双亲晚年孤苦。她说，她不怕死，只是不敢死，代价太沉痛，她死不起。

还有一位跨国公司高管，他的妻子、父母和三个孩子，都丧生在一次空难之中。他告诉我，每一天他都在盼望着死亡，死了就能合家团圆了。

所以，**死亡真的是一件复杂的事情。它不仅仅是呼吸心跳的停止，生命体征的丧失。它更是巨大的心理困境，人性的困境和伦理困境。**

不管你怕不怕，敢不敢，想不想，愿不愿，死亡都会来到你身上，它有它的时间表，它有它的意愿和安排，**对此你只能敬畏，无从选择。**也许，对于死亡我们唯一能做的，就是在这一天到来之前，做好应对准备。

或许，此刻你仍觉得死亡离你很远，当我们在谈论死亡的时候，我们谈论的是别人的死亡。**然而，我却要告诉你，死亡离你很近——我们从来都是亲历者，而不是旁观人。**

你失去过亲人吗？你失去过朋友吗？

你目击过或者听到过灾难的发生吗？

你确信这些事情都不会发生在你身上吗？

你有死亡焦虑吗？你恐惧自己或他人的死亡吗？

你知道如何平复失去亲友后的哀伤吗？

你知道，若你的亲友有了自杀的想法，你该怎么办吗？

你知道如何跟孩子谈论死亡吗？

你知道若有一天，我们自己或是身边的人身患重疾，我们该做些什么吗？

……

如果以上这些问题，你都没有想清楚，又怎么谈得上岁月静好，花好月圆？

人的一生，就是向死而生的过程。死亡是一位导师，只有明白了死亡，我们才能真正懂生命的意义，才能活得更加坦然、更加安定，才能寻获内心真正的自由。

在《知死方生：生死必修课》这本书里，我们会与大家一起探讨关于生死这个复杂的话题，包括：死亡在生理和心理层面分别是怎样的过程，日常生活当中的“死亡焦虑”及应对办法，如何与孩子探讨死亡，如何安慰失去至亲的人，如何与身患重疾的人谈论死亡，失去亲友后如何处理哀伤，面对别人的自杀想法，我该如何救助，每个人都该为自己的死亡做些什么灾备计划，等等。当你了解了这些内容，也就对生死这门必修课有了最基本的常识准备，可以从容平静地面对生命和生活，可以帮助到身边的亲友和家人。

存在主义心理学家欧文·亚隆说，人的一生有四大终极议题：自由、孤独、死亡与无意义。而我认为，这四者之中，最根本的还是死亡。只有明白了死亡，剩下三者才能被理解、被回答。

所以，今天在这里，就**让我们来一起探讨“死亡”。不是为了去死，而是为了冲破孤独、寻获自由，为了找到人生无悔的真谛，为了穿越世间一切苦难、最终奔向幸福的勇气**。我们唯有紧握对生命的信仰，而向死亡谦卑地低头，恳请它教给我们生命的奥义，让我们学会不惊惶、不恐惧，才能在人生漫长的旅途中，安然而来、坦然而去。在余生的每一天里，好好去爱，好好感受，好好活着。

记住，我们穿经黑暗，是为了寻找光明！

唐 婧

2020年1月于北京

前言 2

每个人都缺一堂生死课

你好，我是外科医生何心。

在我的职业生涯中，生死是贯穿始终的课题。每一天，我需要面对的不仅仅是人们身体上的疾病，更是人们内心深处对于死亡的迷茫与恐惧。

我的病人问我："何医生，为什么我所有的检查结果都是好的，我却还是难受？我心慌、头疼、呼吸不畅，我觉得自己快死了。为什么检查不出问题？"

我说："**这可能不是你身体真正的疾病，而是你严重的'死亡焦虑'**。你知道什么是'死亡焦虑'吗？"我的病人一脸茫然地看着我。

是的，什么是“死亡焦虑”？没有几个人能回答。

我的病人问我：“何医生，我是不是真的没救了？你告诉我实话。家人都瞒着我，求你，告诉我真相！”

我说：“**如果是，你有何打算？如果不是，你又有何打算？如果活着，你想如何生活？如果死了，你又想如何生活？**想清楚这四个问题，我再告诉你真相。”

我的病人看着我，一脸疑惑。片刻之后，又若有所思地点点头。

过了几天，他告诉我，四个问题想明白了。至此，真相如何，已不重要。

其实，我希望，对于这四个问题，我们不必等到生命的尽头才去思考。早一天思考，早一天领悟，便早一天自由，内心少一分纷扰。

我的病人家属问我：“何医生，你能帮我隐瞒病情吗？别告诉老太太她儿子快不行了，我怕老人家知道了会崩溃。”

我说：“哀伤是我们每个人一生中都逃不过的功课。与其事后让她独自承担，不如早些帮她做好准备，多一些心理支持和安慰陪伴，才是对她真正的帮助。”当然，告知与否、如何告知，是家属的权力与决定。但，**关于哀伤如何处理，内心的伤**

痛如何平复，毫无疑问，是我们每个人都需要去学习和成长的功课。

根据世界卫生组织的数据，全球每年约有 5820 万人死亡，换算下来，每 1 秒钟就会有 1-2 个人死亡。**也就是说，当我写完上边的话，已经有数百个人离开了这个世界。死亡，离我们如此之近，我们怎么可以对它置之不理、毫无准备、没有丝毫的应对能力？**

毫无疑问，每个人都缺一堂生死课。

死亡教育在国外发展得较早。1963 年，美国明尼苏达州立大学首家开设死亡教育课程，之后，死亡教育便在美国逐渐铺开，成为高等教育的重要内容。英国在 20 世纪 60 年代也拉开了死亡觉醒运动的帷幕，将死亡教育贯穿于教育改革，纳入课程大纲之中。紧接着，日本在 1983 年于东京上智大学成立生死学研讨会，此后将死亡教育逐步融入高校教育体系。

我国的生死学教育紧随其后。2006 年香港大学率先提供死亡教育相关培训，接着，香港中文大学、岭南大学等高校逐渐将死亡教育纳入通识课程。台湾在 2001 年引入死亡教育，目前包括台湾东海大学、元智大学、辅仁大学在内的众多院校，均开设了相关生死教育课，并将其定为必修课程。我国内地的生死学教育，近年来也呈蓬勃之势。探讨生死议题的学术论坛在各地不断召开，生死议题的影视作品不断得到大众的关注，生死议题的文学和心理学作品也开始崭露头角。这一切都在告诉我们，生死这一堂必修课，终究到了我们该补上的时候。

于是，我和唐老师一起创作了这本《知死方生：生死必修课》。**我们不想把它写成一部艰深晦涩的哲学作品，也不希望它是一部融汇百家的文化读本。它应是亲切的，就像我们坐在你的对面，与你四目相对地交谈；它应是切实可用的，在这场交谈后，你心中的困顿得以消解，你知道自己该怎么做，你的内心安定与踏实下来，你仿佛看到了光亮又有了前行的勇气。这，才是我们想要给你的。**

何其幸运，在这场人生的旅途中，我们有缘相伴一场。

说再见的时候，希望你是微笑的。我们会对你挥挥手，看着你走向身前的阳光和身后的阴影。

记住，我们穿经黑暗，是为了寻找光明！

何　心

2020 年 1 月于北京

目录

CONTENTS

第一篇

知死方生

第 1 课

秘境初探：死亡的过程

小时候，曾经有一段时间，我对这个话题特别好奇：死亡到底是一个怎样的过程？

记得，我人生中第一次目睹死亡，大约是在 3 岁。一个乞丐被高压电击中，触电身亡。他的身体被烧得焦黑，缩成孩子般大小，紧紧粘在一人多高的高压电缆上。消防员们用竹竿扒拉了很久，才把他扒下来。尸体坠地的那一刻，围观的人群发出惊呼。父亲赶紧捂住我的眼睛，说，别看！那一刻，我觉得那个人好疼，死亡一定是一件特别疼的事。

第二次目睹死亡，是我 7 岁的时候。看见一个和我一般大的小孩子，一边猛跑一边横穿马路，被躲避不及的公交车撞上。公交车发出尖锐的刹车声，周围人群一阵尖叫。只见小孩子倒地后，又挣扎着爬起来，继续跑，跑到人行道边坐下来。之后，鲜血从他的口鼻和眼睛、耳朵里涌出来。他的眼神里满是恐惧，慢慢地瘫倒在路边。那一刻，我被吓哭了。我觉得死亡是一件特别恐怖的事，一如那个孩子最后惊慌失措的眼神。

后来，我曾问过父亲："死亡到底是一个怎样的过程？它痛不痛苦，可不可怕？"父亲没有回答我。他说："别乱想。好好的，说什么死！"

长大以后，我成为一位心理咨询师。我的来访者们，再度开启了我童年没有被回答的问题。

每一位重疾患者都与我探讨过这件事——"死亡到底是一个怎样的过程？它痛不痛苦，是怎样的痛苦？它可不可怕，又是怎样的可怕？"他们告诉我，这是他们内心不断翻腾反复的思考，无法停止，又无从倾诉。他们会忍不住陷入各种可怕的想象，然后被自己的想象深深震慑，不敢再想下去。而之后，又忍不住重复这个轮回，一次又一次。

是的，死亡它的确不是一个你想回避就能回避的事情。它与我们自身高度相关，是我们必须亲身面对、无人可以替代和分担的功课。所以我们会纠结于它，会深陷于对它的想象和恐惧不能自拔。

我对我的来访者们说，**虽然没有亲身经历过，但我知道，它一定没有你想象中那么可怕。因为，世上最可怕的其实不是真相，而是我们的想象。**人类的想象力强大无比，让我们上天入地，甚至飞出太空的都是它。而如果，你用它来自己吓自己，那毫无疑问是我们最大的劫难。

那么，**死亡它到底是一个怎样的过程？它到底痛不痛苦，可不可怕？又痛苦到什么程度，可怕到什么程度？又或者，它有没有可能，是一个跟我们想象中完全不一样的历程？**

为此，我在10年间，与数十位与死亡有过密切接触的人，就这个话题进行了深入的探讨。以下，是他们给我讲的故事。

一位53岁的资深户外探险爱好者，跟我分享了一次他险些溺亡的经历。他们在野外途经一条暗河，河水看起来很浅，水流却很急。一位队员不慎落水，立刻被河水冲走。作为领队的他为了救援，也随即跳下暗河。原本水性很好的他，没有想到，暗河的尽头是一个瀑布，而瀑布的下方，是一个有着巨大旋涡的寒潭。他们从瀑布上跌下来，被水流裹挟着不断旋转，什么也抓不住，完全无法自救，只能向旋涡的底部沉下去。

我问他，那一刻是怎样的感受？痛不痛苦？

他说，一开始呛了水特别难受，心里很恐惧，用力挣扎，眼冒金星、头昏脑涨，感觉时间特别漫长。但渐渐，随着窒息时间的延长，痛觉似乎被阻断，难受的感觉消失了。只觉得全身的肌肉松弛、没有一丝力气，就这样漂在水里，头脑好像停滞一般，心里非常安静，自己就像置身事外一样，看着搜救的人在上方游来游去。

他说，直到自己被救起、出水以后，身体才又恢复了对痛苦的感觉，觉得浑身寒冷刺骨。特别是排出肺里的积水时，简直难受无比。

另一位来访者是一个 36 岁的国企员工，因为工作关系，他常常要到偏远山区去检查那里的电力设施。有一年冬天，正逢贵州凝冻，他们的车从盘山公路翻下悬崖，落在山脚下的田地里。那次事故带走 5 个人，幸存了两个，他是其中一个。之后，他的手臂落下了终身残疾。

我问他，当时你害怕吗？车在半空中，沿着悬崖翻滚了好几次，会不会很疼？

他说，来不及害怕。车翻下去的时候，他心里只有一个念头，“完了，这下死定了”。之后就什么都不知道了。醒来的时候，被压在车的残骸里，他奋力爬出来，觉得被什么东西拽住了，他用力想把它扯掉，发现扯不掉，原来那是他的半条手臂肌肉，又脏又黑，没有半点感觉，也不痛。他把那条肌肉拽出来，拖着它，爬出车厢大声呼救。周围的村民听到，赶来救了他们。后来被送到医院的时候，他意识到他的痛觉又回来了，浑身痛得像要散架一样，满头冷汗，连话都说不出来。

还有一位来访者，是一位 29 岁的白领女性。她跟我谈起关于死亡来临前的心理痛苦。她说，有一次出差，从上海飞新加坡，飞到一半，飞机突然剧烈颠簸，并以极快的速度下坠，座椅上方的氧气面罩脱落下来，机舱内顿时惊叫连连，乱作一团。

她说：“开始我很害怕，脑子里只有一个念头，飞机要失事了，我要死了。这种害怕大约持续了一分钟，然后我突然平静下来，内心一片清明。”她说：“我曾以为，自己临死时一定很伤心，一定放心不下孩子。但那一刻，让我意外的是，我没有。我想了一下孩子，然后对自己说，以后我不能再爱他了，但没关系，还会有别人来爱他。然后我以极快的速度回顾了自己的一生，对自己说，够了，很好。之后，我闭上眼睛准备去死。”

后来，飞机奇迹般的化险为夷，恢复了正常。当降落在新加坡机场的那一刻，机舱内许多乘客喜极而泣。她说，反而是知道自己安全了，就开始后怕了。走下飞机她就开始大哭，接下来的一个月里，每天做噩梦，每天都忍不住想，自己如果当天死在空难里，家人该多伤心多痛苦。这种恐惧，让她在之后的两年之内都不敢再坐飞机。

经由他们的故事，我意识到，**在突发性的死亡中，大部分人对痛苦的感受是迟滞的。**一方面是时间短，我们的大脑来不及对死亡这件事作出深入全面的思考，除了对死亡的本能恐惧以外，来不及产生其他更复杂的心理痛苦。另一方面，我们的身体似乎有一种自我保护的本能，在生物体无法承受的痛苦面前，它会自动切断我们对痛觉以及其他痛苦的感受。

因此，**痛苦在死亡的过程里可能显得较模糊，而清晰的存在于恢复意识之后。**比如，被抢救过来以后，机体开始恢复对痛觉的敏感。又或者，灾难结束或化险为夷后，大脑开始恢复强大的分析思考功能，与死亡相关的心理痛苦也随之被呈现出来。

除了以上举例的意外事故外，像猝死、突发疾病死亡，以及老人的寿终正寝（经由昏迷再进入死亡的过程），也都属于类似的“突发性死亡”范畴。

与此同时，对于非突发性的、有心理预期的死亡而言，这个过程又是怎样的？

我的一位癌症晚期的来访者告诉我："你知道世界上比死更可怕的是什么吗？那就是等死。"他说："当你被告知，你的生命还有 6 个月，你就会特别害怕每一天的天亮。因为天亮就意味着，日子又过去了一天，你的生命又少了一天。你会忍不住去想，到最后你会如何死？死的时候是什么样的？会有多疼？会有怎样的痛苦？这种心理上的痛苦，这种等死的感觉，是最大的煎熬。所以，我渴望自己能猝死。死了，就不疼了，不煎熬了，也不痛苦了。"

他的肿瘤已经扩散到脑部，压迫神经，有半边的身体已经不能动了。跟我说话的时候，他只能勉强坐起来，仍然疼得额头都是汗珠。他告诉我，由重疾带来的慢性死亡是痛苦的，这种痛苦在于心理上的煎熬、对死亡的想象，以及生理上的疼痛。

还有一位儿童癌症患者的母亲告诉我，"在孩子生命的最后一段日子里，我心里已经接受了他的离开。我只是受不了他那么疼，一直哭闹喊叫，连夜里都无法睡觉。而我什么也帮不了他，这种无能为力的感觉，是对一个母亲最大的折磨。"

在他们的描述中，"疼痛"这个词让我极为不安。为此我查阅了相关了资料，找到了以下内容：

2017 年 10 月 12 日，《柳叶刀》杂志发表文章称，全球每年 298.5 吨吗啡等效的阿片类药物使用量中，中低收入国家吗啡使用量在全球可分配的吗啡中不足 4%。全球每年约有 2500 万人的死亡伴随着疼痛，而这种疼痛本可以通过吗啡等阿片类止痛药物得到缓解。根据全球吗啡当量分布图显示，中国需要姑息 / 镇痛治疗的患者中仅有 16% 的人使用了吗啡。

如果说，对于疾病引起的慢性死亡我们无法避免，而它又带给患者如此大的身心痛苦，那么，我们多么希望需要者能够得到足够的镇痛药品以及专业的心理支持。让今天的重疾患者，又或许是明天的我们，能够多一些温暖和安慰，少一些痛苦。

相信随着我国的经济发展和医学的进步，随着人文关怀和安宁医护在医疗体系内的大力推进，重疾末期患者的生存质量将会得到极大改善，身心两方面的痛苦都会得到极大缓解。

以上内容，是我在与来访者们的谈话中收获的一些感受，与读者们分享，希望对大家有所参考和帮助。还有一些我没有讨论到的情况，比如人类的非自然死亡状态，比如遭遇杀害，获司法行刑，又比如安乐死，以及植物人的死亡。这些都是我在访谈中没能涉及的部分，欢迎大家做出思考和补充。

人类的梦想之一，是在生命尽头能温暖平静、没有痛苦地与世界告别。希望文明及科学的进步，让我们早日实现这个梦想。

第 2 课

秘境初探：死后的世界

前一阵我看了一个纪录片叫《明天之前》。节目主创曾宝仪在 104 岁的澳大利亚科学家古道尔执行安乐死前 22 小时，得到了与之单独聊天的机会。曾宝仪问古道尔："对于这个世界你最怀念的是什么？"老人说："怀念？我觉得不可能，我不觉得我死了还能去怀念什么？因为这基于一个假设，人死后还有某种意识，而我不太相信这个。"

是的，唯物主义科学观告诉我们，死亡只是生命从有机物变回无机物，再回归到自然的一个过程。科学家古道尔以 100 余岁的智慧，参透生命的奥义，决定解脱，安然离开这个世界。不过，与古道尔不同，还有许多人并没有像他一样得到释然和解脱，而是在面临生命的终点时，心怀恐惧与不安，惶惶不可终日。

我的一位来访者满眼含泪地告诉我："我太害怕了。一想到自己死后，就会变成一盆灰，然后灰飞烟灭，什么都不剩。这种消亡感，让我一想起来就无比害怕。"

我说："我不知道该怎样让你不害怕，但我忽然想起一个人。这个人似乎不那么害怕，我给你讲讲她的故事。"

这个人是我的太姥姥，也就是我外祖母的妈妈。我 4 岁那年，她 85 岁。记忆中，她总在不停地纳鞋底儿、做布鞋，时不时拉过我的脚丫比一比，自言自语道："差不多吧。"

我问她，为什么做那么多鞋？

她说："可得抓紧，说不定哪天我就走了，这些鞋够你穿到 7 岁的。"

我问她要去哪里？

她笑眯眯地说："去黄土县，去找你太姥爷去。"

我问她："太姥爷是谁？我怎么没见过？"

她说："你还没出生，他就去黄土县当县长了。还有你大舅姥爷，三舅姥爷，还有你三太姥姥，就是我妹妹，他们都在黄土县。还有，你姥姥上边本来还有个哥哥，当年逃荒的时候饿死在路上了，他也在黄土县。他们都去了，一大家子人，就等着我了。我也得去给他们做做饭，洗洗衣服，纳纳鞋底，做做鞋。只是以后就不能给你做了，得趁现在多做几双。”

因为太姥姥时常念叨“黄土县”，小时候，我便常常幻想“黄土县”的生活。那里有太姥姥的一大家子人，太姥爷是县长，他们每天像过大年一样聚在一起，听太姥姥最爱的样板戏，聊天吃饭喝酒，他们还盼着太姥姥去给他们做饭、洗衣服、纳鞋底。

长大以后我才知道，那个黄土县就是死亡。记忆中，太姥姥是没有恐惧的。我甚至觉得，她盼望那种团圆。

讲完这个故事，我问我的来访者：“你死后想过怎样的生活？”

他先是一愣，接着陷入沉思，过了一会儿，他说：“我也想见见我的姥姥。小时候，她也很疼我。我们家是做豆腐的，姥姥常常半夜趁大家睡着了，把我叫起来，喝豆浆上边的那层皮儿。她说那是最好的东西，给我补身体。一转眼，她去世也有七八年了。我还时不时会想起她，想着，她在那边过着怎样的日子？另外，我有两个同事，前些年先后去世了。之前在单位和我关系也还不错，等去了那边，也可以约他们聚聚，像以前一样，吃吃饭喝喝酒……”

后半段的咨询，他一直在跟我谈他对死后生活的构想。离开的时候他说，原先的恐惧已消散了大半。

人死后到底有没有世界，到底有没有生活？这是一个无从求证的命题。**但人类文明5000年以来，在社会文化、宗教和民间传说里，对死后生活的构想，却是人类文明一个极其重要的精神组成部分。**

在我的大学时代，有一段时间对考古学尤为着迷。我看了许多关于中外墓葬的考古学报道，其中最吸引我的是古埃及的金字塔墓葬，中国历史上的著名陵墓——长沙马王堆汉墓，以及西安秦始皇陵兵马俑。我留意到，**在所有这些历史墓葬里，那些精美的壁画，那些精致的墓穴布置以及巧夺天工的随葬品，全都是服务于一个主题的，即供墓葬的主人在死后的生活中使用。**

古代的帝王，会在自己身体还健康的时候就开始修建皇陵，为日后自己的离世做准备。陵墓往往有许多的房间，除了帝王自己居住的，还有妃子及下人们居住的。有时帝王去世后，妃子还会被陪葬，寓意为在死后的世界里继续服侍帝王。随葬的祭品往往极为丰富奢华，从衣食住行到艺术娱乐，细致涵盖生活的方方面面。有的出于宗教信仰，还会在墓葬的墙壁上画下大幅的壁画，描绘出墓葬主人死后，在极乐世界的幸福生活。

除了在墓葬文化中的体现以外，还有大量民间传说也涉及死后的生活。比如，民间文学巨著——蒲松龄先生的《聊斋志异》里，就描述了大量人死后灵魂不灭而化身为鬼怪，继续参与世人生活的故事。又比如，人们所津津乐道的民间神话《白蛇传》，里边就细致地描述了阴曹地府、阎王小鬼、黑白无常、黄泉路上的奈何桥和孟婆汤。对于死后的世界，甚至有高度社会化的描述，死后的投胎转世也有着流程讲究，过奈何桥，喝孟婆汤，一个环节都不能错，一派秩序井然。

由此可见，**在人类文明的进程当中，死亡以及死后的生活，是一件备受重视且极其重要的事情。无论死后的生活是否真实存在，对于它的构想都是人类对抗死亡焦虑的一项重要举措。**

除此以外，在人类文明发展的5000年历史长河中，如果留意，你会发现，科学只是近几百年才出生的一个小小婴儿。在科学来到这个世界上之前，是宗教统治了人类的思想长达几千年。那么，宗教的思想核心是什么？仔细观察，便不难发现，宗教的思想核心，其实是遵照其独特的世界观，对人的生命和死后的世界做出一套完整的解释。

比如，佛教里认为，人死后有灵魂，会根据生前的善恶，去到六道当中轮回转世。善良的灵魂会得到幸福的转世，其中殊胜者甚至可以脱离轮回、去到极乐世界，免受世间疾苦。罪恶的灵魂会在轮回中受到惩罚，他们会化身恶鬼、修罗或者转世成为牲畜，受到各种痛苦的煎熬。

类似的，基督教里也相信，根据人生前的善恶，在死后会经历不同的对待。纯粹的真善美的灵魂可以去到天堂，在那里过上幸福的日子。没有修行圆满的人，会在炼狱中继续修行，待功德圆满之后回归“天家”。而十恶不赦的灵魂会被罚下地狱，与恶魔相伴受尽折磨。末世会有审判，在审判中通过考验的善良灵魂会再次复活，生活在真善美的世界。

由此可见，**对死后生活的诠释，对于人类精神层面的安全感和归属感有着极其重要的意义。**

说到这里，不难看出，**对于死后生活的构想，是数千年来人类对抗死亡焦虑的重要举措。所以，我们也可以继续用它，去帮助面临死亡焦虑的人们，**而这与宣扬迷信无关。在我的临床心理咨询工作中，也会应用这个技术去帮助那些死亡焦虑严重的患者。

比如，在我的上一部作品《穿越生死的情书》中，记录过一个完整的案例，叫《她比烟花寂寞》。故事的主人公是一位直肠癌晚期患者，在咨询的最初，患有严重的死亡焦虑。她曾无限伤感地对我说："你知道，死是一种什么样的感觉吗？ 就好像你将要去一个地方，一个所有人都害怕的地方。那里没有你爱的人，没有你熟悉的一切，什么都没有，只有你自己。像一口深不见底的井，你猛然跌进去就再也出不来了，只能在黑暗里不断地下坠。我不怕死，我只是害怕一个人去死。"

后来，在我们的咨询里，我开始帮助她建构"死后的生活"。恰逢她本人有宗教信仰，相信人在死后会有下一世生命的轮回。于是，在今生没能拥有美满姻缘的她，开始展望下一个生命轮回。在她的构想中，在下一个转世里，她要遇见自己心爱的人，在下一段人生中，与他朝朝暮暮、相携到老。最终，她带着自己美好的梦想安然离世。在人生的最后一段旅程里，平静、释然并且充满希望。

我想，世界的本质是唯物还是唯心，或许并没有那么重要。重要的是，在生命的尽头，如何能让人们的恐惧得以平复、心灵得到安慰。

如果，死后还有生活，那么死亡就不是一种终结。如果死亡不是一种终结，那，它还有什么值得恐惧呢？如果可以这样想，大概在生命的尽头，我们便能少一些恐惧，多一些温暖和希望。

只愿，从生命的最初到最后，我们都能被这个世界温暖相待。

第3课

每个人内心都有阴影——走出“死亡焦虑”

❶ “死亡焦虑”与我们如影随形

乍一提起“死亡焦虑”这个词，你也许会以为，它离你很远。你也许会以为，只有临近死亡的人才会有死亡焦虑。然而，我却要告诉你，**它其实离你很近，就存在于你每天的生活当中，存在于你每一个若有若无的小小担忧里**。

喜欢看微信的朋友，一定有过这样的经历。一些帖子在朋友圈里被疯转，它们的标题往往是这样的，“这五种食物最毒，你却每天在吃它”“女子瞬间身亡，只因做了这件事”“千万别再吃海鲜了，以前不知道这么可怕”……每每看到这样的标题，都让人心里一惊，下意识地赶紧点开，看一看自己有没有在文中所描述的危险内。其实，这些文章之所以火爆，是因为他们在利用人们的死亡焦虑做营销。

精神分析学大师弗洛伊德认为，人有两大本能：生本能和死本能。生本能主要体现于爱、性以及与人类生存繁衍有关的社会行为。死本能则是破坏性的本能，它包括战争、暴力、攻击性行为等，它与人类走向死亡的必然趋势紧密相连。**生本能和死本能普遍存在于人类的每一个个体身上，是指导人类一切行为的终极强大的内驱力**。所以，日常生活中，什么样的话题最能吸引人们的注意？那就是爱、性和死亡。而这三者之中，“死亡”凭借其高度的焦虑唤起能力，更为引人瞩目。

存在主义心理学家欧文·亚隆，在其著作《直视骄阳》中这样说道：

“个人体验和临床工作告诉我，对死亡的焦虑伴随着整个人生。”“对于有些人来说，这种恐惧不会直接出现，它乔装打扮成心理疾病，或是一种普遍的不如意感；有些人却体验到一种明显的、能够意识到的死亡焦虑；还有一些人陷入死亡恐惧，完全不能享受人生的欢乐和满足。”“死亡恐惧造成了一系列貌似与之并不相关的问题。”“许多人所患的焦虑抑郁等症状，皆是由死亡恐惧所引发。”

人们在日常生活中，或多或少都亲历过死亡的感觉。比如在梦中经历自己和他人的死亡；在文学作品和影视剧当中感受过死亡；或者，不慎被水呛到，被食物噎到，又或者在疾病状态下，感受到窒息、身体发麻、呼吸困难、心脏压抑这种类似死亡来临般的濒死感。正因为死亡离我们如此之近，死亡焦虑才会与我们如影随形。

我的一位来访者，因为夜间不敢睡觉前来咨询。他患有严重鼻炎，常常在睡梦中感到窒息而醒来。他非常害怕，万一某天自己窒息时醒不过来，就会这样死去。于是，夜里他保持着高度的觉察状态，不敢睡熟，非常痛苦。

我的另一位来访者有着更为广泛的焦虑。在美容院修眉毛刮坏了一点皮肤，她担心可能感染艾滋病。在外边上厕所，马桶里的水溅了一点在身上，她紧张可能感染性病。家中装修贴了壁纸，她担心会有污染，将房子空置了一年半仍不敢入住，怕家人得白血病。生活得非常焦虑，处处小心。

还有，我家附近的一位老人，晚年丧偶，儿女都在海外。每天傍晚在院子里散步时，老人都会拜托隔壁邻居，次日去敲敲他的门。他担心自己一个人在家里生病或受伤，又无人发现，沉默地死在家里。

这些，都是我们生活中常见的死亡焦虑。虽然未必那么真切的面临死亡，但对死亡的恐惧感却一直与我们如影随形。

❷ 我们为何会有“死亡焦虑”？

死亡焦虑的产生，常常与三个因素有关：

一是我们的生物本能，二是后天的经验学习，三是我们的创伤经历。

说起生物本能。这一点不难理解。所有动物的本能都是生存下去，人类也一样。而**“死亡焦虑”，是人类得以在 3000 多万年的环境变迁中生存和繁衍下来的重要保障。**人们对生活中种种已知和未知的风险做出推测和想象，对于其中威胁自身的部分提前做出应对方案。**死亡焦虑存在的积极意义，就是促使人们去做这些“灾备方案”，以此提高个体的抗灾能力**，进而提高整个种群的生存能力。因此，**死亡焦虑于我们每个人而言，是一种生物本能。**

那，既然是本能，为什么每个人感受到的死亡焦虑会有程度上的不同呢？

在心理学上，精神分析理论认为，一个人的人格发展水平（你可以近似地把它理解为心理健康的水平），很大程度上取决于童年期，他在原生家庭中所获得的安全感的满足，尤其是他与父母的依恋关系的质量。

往往得到父母较多的爱和关注，以及与父母依恋关系好的孩子，在成年以后，人格发展的水平比较完善，能够拥有稳定的安全感、自信感以及人际交往的良好能力，**他的总体焦虑水平以及死亡焦虑都会比较低。**

与之相反，**如果童年期与父母分离，或者被父母忽略、虐待、贬损、打击，或者父母亲密关系本身就不好，常常争吵、冷战、互相攻击，原生家庭的氛围就缺乏爱和安全感，这样的孩子长大以后就会存在人格缺陷，死亡焦虑也会比较明显。**比如，他们会缺乏安全感，容易焦虑、自卑、敏感多疑、自我封闭、人际交往不良等。

为什么会这样呢？因为，在孩子年幼的时期，无法依靠自己独立生存下去。原生家庭的爱的质量，就意味着生存的基本保障。**童年期爱的缺失或不健全，对孩子而言，就意味着强烈的死亡恐惧。而一个人，如果在生命早期就饱受死亡恐惧的折磨，这种焦虑感会给他形成极其深刻的印象，进而影响到他的毕生，形成我们所说的“高焦虑型人格”。**与此同时，这种“高焦虑型”的人格特点，反过来又会加剧他本身对于焦虑的敏感度，形成一个恶性循环。因此，**“高焦虑型人格”往往是“死亡焦虑”的易感人群。**

另外，引起死亡焦虑的还有一个重要因素——“后天经验的学习”。我们对死亡的焦虑感，很大程度上也是社会学习的结果。

比如，艾滋病是什么？也许我们原本并不知道。但通过学习，我们知道那是一种极其可怕且无法有效治愈的疾病，它通过血液和体液进行传播。于是，我的来访者在刮破眉毛以后，才会产生对艾滋病的联想和恐惧。

更有甚者，有时，对于死亡的了解和预期不但会加剧死亡焦虑，甚至会真实地促进死亡进程。

一位医生朋友告诉我，他的同事，一位 42 岁的肿瘤科医生被查出罹患胰腺癌晚期。通常这个病程阶段，病人仍可以存活半年左右。但这位肿瘤科医生，由于太过熟悉胰腺癌的整个病程，从确诊的那一刻起，就放弃了对治疗的幻想，确定了对死亡的预期。所以，仅仅 14 天，他就撒手人寰，快到令人措手不及。

而与之相对，另外一则社会新闻则很有趣。2018 年，泰国 12 名少年足球队员进入一国家公园的洞穴内探险被困。当时洞内的空气含氧量只有 13%，而一旦含氧量跌至 6% 以下，人就会出现痉挛乃至呼吸心跳停止。他们被困的洞口非常狭窄，只能由救援人员带着他们一个一个的潜水出来。营救难度非常大，以致有两位救援人员在途中丧生。即便如此，被困 10 天后，孩子们仍奇迹般地跟着救援人员潜游出洞口，全部获救生还。

这个故事里，让人慨叹的不仅是少年顽强、不放弃的生命精神。同时，我们不难想到，正因为他们是少年，初生牛犊不畏虎，对于死亡的了解没有成人那般经验丰富，对于死亡的预期，也没有成人那样成熟。所以，他们才能保有对生命乐观的期望，没有放弃、没有绝望。我们做一个假设，如果被困在洞内的是一群成年人，那结果又会如何？

除了对死亡的了解和预期以外，死亡焦虑还常常源于亲历死亡或者目睹灾难所带来的心理冲击和创伤。

我小的时候，就曾目睹母亲被一辆刹车失灵的吉普车撞击。由于这种创伤，长大以后我一直不敢开车。

我的一位来访者是个新闻记者。在一次高空坠物造成死亡的事故采访中，他亲眼目睹了死者的头颅被高空坠落的酒瓶砸碎，整个头部面目全非的样子。这个场景给他造成的心理冲击非常强烈，以至于以后在走路时，他必须要走在道路的正中，完全不敢靠近楼下，接近楼下就觉得心慌害怕。

还有另一位来访者，他的长子在三年前的滑雪事故中不幸丧生，从此他们全家都不再能够滑雪。尤其是次子，对于雪有严重的恐惧，冬天下雪的时候不敢出门，生怕摔倒了会像哥哥一样死去。

由此看来，死亡焦虑真的是与我们如影随形。它无处不在。也正因为如此，它带给人们恐惧的同时，也让人产生强烈的征服欲。

比如，很多人热衷于挑战生命极限的探险运动：绝壁攀岩、蹦极、悬崖速降、雪山登顶、翼装飞行、深海潜水等。这种极度接近死亡又绝境生还的感觉，带给人们无限的刺激和成就感。

除此以外，在网络游戏中体验多次生命，也是人们征服死亡焦虑的一种方式。

还有一些人热衷于看恐怖电影、讲鬼故事等，乐此不疲，享受近距离接近死亡又安然无恙的征服感。

❸ 如何应对日常生活中的“死亡焦虑”？

在我的心理咨询室里，“死亡焦虑”是被频繁探讨的话题。

我的一位来访者，自汶川地震以后就一直担心，害怕北京也会发生地震。她说：“北京的城市下边都被掏空了，都是地铁，万一地震了怎么办？我们逃都逃不出去！”为此，她认真地考虑过离开北京，想去另一个安全的城市生活。但苦于一直找不到绝对安全的城市，所以迟迟没有行动。

我的另一位来访者，身边几位朋友陆续查出患有癌症，他为此深感不安。担心北京的空气污染严重、工作压力大、生活节奏快，他说，这些都是癌症的诱因。他打算攒够了钱就带着妻儿回老家，去山清水秀的南方小城生活。他说，老家自然环境好，不会得癌。谁知过了不久，听说老家的一位亲戚也患癌了，他于是更加焦虑："这可怎么办？我该躲到哪里去？"

还有一位来访者，她对于食品安全的问题特别焦虑。牛奶不敢喝，怕有三聚氰胺；水果不敢吃，怕有膨大剂；蔬菜怕有农药残留；肉类怕有促进生长的激素……每天买菜于她而言就是最大的煎熬，吃了怕被毒死，不吃又会饿死，始终处于焦虑状态中。

以上案例，都是我们日常生活中常出现的"死亡焦虑"。很多时候，自己也知道是杞人忧天、没有必要，但还是会深受困扰。那，我们可以做点什么帮助自己缓解"死亡焦虑"呢？以下三步法大家可以参考，对我们缓解"死亡焦虑"会有很大帮助。

第一步

结合上一章节的内容，觉察一下自己的成长经历：我的"死亡焦虑"，它产生的深层次根源可能在哪里？与哪些事件密切相关？把你想到的内容记录下来，它们都是你深入了解自己的重要线索。

*提示：回顾你的原生家庭、父母关系、童年的安全感、生命中经历过的重大事件，有哪些曾对你的安全感造成过强烈冲击？以及，你曾目睹、耳闻或者亲身经历过哪些与死亡相关的

心理创伤事件？或者身边朋友的故事、电影中的片段、社会新闻等，有没有哪些曾严重影响到你的心理安全感？把它们写下来：

____

____

____

____

____

____

____

____

写下来以后，找一个安静独处的时间，看着它们，尝试与自己的内心深处对话，与这些心理创伤做和解：

1. 对于那些发生在我们生命早年经历中的心理创伤，我们可以用“关照内心小孩”的方法去安抚它。

在创伤事件发生时，你还是孩子，那样的弱小和无力，没有办法保护自己。而现在，你已经长大了，成为一个有能力有力量保护自己的人。请你在内心拥抱那个当时的自己（那个无助的小孩），就像父母温暖地呵护着孩子一样，轻轻地对他说：“孩子，别怕，你已经长大了。现在的你很安全，你有足够的能力和力量可以保护自己，并且你也曾无数次成功地做到过。你已经不再是当年那个无助的小孩。当年的事情已经过去，它再也不会发生。你是安全的，以后都安全了。从今以后，我会好好地保护你，再也没有任何人和事可以那样伤害到你。”当然，你还可以根据自己的需求修改这段话，让自己感到更加温暖和安慰。把这段话对自己重复多说几次，你会感受到，内在的不安渐渐平复下来，原先的焦虑和恐惧会得到很大的缓解。

2. 对于那些社会事件、电影片段或者身边人的经历对我们造成的心理创伤，往往是因为我们自己的情感卷入而引起的“共鸣性创伤”。这种情况下，我们可以尝试用几个自我反思的问题将自己抽离出来：

i. 这件事情已经过去，虽然它对我影响很大。但在整个事情里，比起那位受害者，我是幸运的，我幸运在哪些地方？

ii. 为了避免未来发生类似的情况，我可以做些什么防范措施？

iii. 假如未来我遇到这样的危险，我可以做些什么来最大限度地保护自己？

第二步

自我察觉：当我在经历“死亡焦虑”或者害怕死亡的时候，我到底害怕的是什么？

比如，我的一位来访者，她在体检时查出自己天生只有一个肾。在这以后，她开始过度关注自己的健康，总担心自己哪里出问题，常常跑到医院做检查。晚上焦虑得睡不着，生怕自己哪一天会突然生病死掉。她在咨询中告诉我，因为曾在电视上看到过一个采访肾透析患者的节目，她就联想到自己只有一个肾，以后会不会得肾病，会不会需要做透析？那该多痛苦啊，不要不要，太可怕了，越想越害怕……

又比如，我的另一位来访者常常出差，却害怕坐飞机。因为害怕万一发生空难，自己6岁的女儿怎么办。女儿还那么小，要是失去妈妈该多可怜。所以每次出差前她都很焦虑，为此她甚至考虑要不要辞掉当下的工作。

在这两个故事中，我们可以看到，同样都是“死亡焦虑”，但其实她们害怕的内容是不同的。第一位来访者害怕的是“自己可能会遭受痛苦”；而第二位来访者担心的是“女儿该有多可怜”。所以，我们也可以自我觉察一下，当我在经历“死亡焦虑”或者害怕死亡的时候，我到底害怕的是什么？

察觉到“自己害怕的到底是什么”以后，让我们来对此做个“灾备方案”：

i. 我可以做些什么，来最大限度地避免我所担心的事情发生？

*提示：比如，“定期体检、锻炼身体，注意饮食健康，就可以最大限度地保证我的肾脏健康，这样我就不会需要做肾透析”；又比如，“我换一份工作，不需要常常出差，这样就不需要担心飞机失事的危险了”……这些都是上边提到的两位来访者所做的灾备方案，那你的“灾备方案”呢？把它们写下来：

ii. 假设，我所担心的最坏状况真的发生了，我至少可以提前做些什么，让事情不至于那么糟糕？

*提示：比如，“假如我真的有一天需要做肾透析，那怎么办？至少我可以提前把治疗费用准备好，保证我有钱治病。那么，我提前买好一份医疗保险可能会对此有帮助”。又比如，“假如有一天我真的遭遇了意外，那孩子怎么办？或许，我可以提前给孩子订一个金融的信托服务。即使我不在了，孩子还可以每年从信托机构领到一笔钱，支付她的抚养费用，这样女儿的生活也还会有一定的经济保障。”……这些都是上边提到的两位来访者所做的灾备方案，你的“灾备方案”呢？把它们写下来：

当做完这些“灾备方案”以后，你会觉得内心安定了很多，对于“死亡焦虑”的困扰也会减轻很多。

第三步

我要请你去回忆，在当下或者之前的生活中，一定有发生过你成功克服自己的“死亡焦虑”的事件。我要请你把这些成功事件仔细回想起来：当时你是怎么想的？怎么做的？收到了怎样的好的效果？让你又看到了自己身上的哪些力量？

____

____

____

____

____

____

____

____

在完成以上的全部步骤以后，你的“死亡焦虑”会得到很大程度的缓解。如果需要，你可以多次重复以上练习，帮助自己减轻“死亡焦虑”的困扰。

与此同时，需要强调的是：如果在多次练习后，你的“死亡焦虑”依然没有改善，你依然深受困扰，这说明，也许状况已超出了你可以自行疗愈的范畴，建议寻求专业心理咨询师的治疗和帮助。

④ 识别“死亡焦虑后遗症”，及时寻求心理治疗

上一章节里，我们探讨了死亡焦虑的普遍存在和应对办法。这里，我们要接着探讨它的延伸话题，**和死亡相关的创伤后应激障碍**，你可以简单地把它理解为“死亡焦虑后遗症”。

如果，你从未听说过“死亡焦虑后遗症”这个词，完全不知道它是什么。没关系，我先来给你讲几个故事。

我有一位来访者，刚拿到驾照不久，就开车去山区自驾旅游。没想到山路崎岖，缺乏驾驶经验的他，连人带车翻下了山崖，双手尺骨骨折。从那以后，他再也不敢开车。甚至坐车也会非常紧张，头晕胸闷、呼吸憋气、眼前发黑，出现焦虑发作的种种症状。渐渐地，这种焦虑开始泛化，他觉得自己什么事都做不好，觉得自己的身体太差需要休息，不能胜任工作，只好请了长假在家中休养。而这种长期在家的状态，让他越来越没有自信，越发焦虑和敏感，也越发无法恢复正常的生活和工作状态。

我的另一位来访者，是一个外企高级白领。他的工作常常需要出差，乘坐飞机的时候很多。前一段时间，网上流传着一段

叫作“坠机前的一分钟”的视频。视频的画面里，机舱内一片哀号，人们慌乱无助、绝望痛哭，惨不忍睹。无意间看到这个视频后，我的来访者联想到自己常年飞行，越想越后怕，夜里噩梦连连，之后，竟再不敢坐飞机了。一坐上飞机就焦虑发作，感觉胸闷气短，浑身冷汗，肢体发麻，心脏难受。渐渐地，问题越发严重，而且越想自控越难以自控。逐渐泛化到坐火车也不行，后来竟然坐电梯也不行，但凡封闭空间都会带给他极大的恐惧，伴随焦虑发作的濒死感，让他极其痛苦。于是找到我寻求咨询和治疗。

还有一位来访者是个56岁的老年妇女。有一次，女儿带她去医院做乳腺检查。那是一个例行的健康体检，她也没有过乳腺病史，本来完全不需要紧张。但在排队做体检的过程中，她看见前边进去的人里，有七八个查出了乳腺癌，都哭着出来。一边哭一边说：“平时也没有任何感觉，怎么就突然得了乳腺癌呢？”其他排队等待检查的妇女也纷纷议论，说，那几个查出乳腺癌的患者都是体形偏瘦、胸部较为丰满的。然后开始纷纷比对，看谁属于那种体形。我的来访者正好属于这种体形，当时就被吓哭了，非常害怕，不敢继续检查，赶紧拉着女儿就回了家。回到家以后，越想越害怕，当晚就觉得胸部开始疼痛，越疼越厉害，还时不时能摸到肿块。这样的疼痛持续了一个多月。她终于鼓起勇气去医院做了检查，结果提示，一切正常。但回到家来，她仍觉得不放心，仍然觉得胸部隐隐作痛，担心自己可能患上乳腺癌，只是没有检查出来。于是，开始奔波于各个医院之间不断地检查。见到我的时候，她说，自己也知道这样的担心没有道理，但就是无法停止，总担心自己患癌，害怕死亡，所以向我寻求帮助，想停止这种无端的疑病想法。

听完这三个故事，我想，你大概也有了一些感觉。是的，**这就是“死亡焦虑后遗症”。如果要给它下一个定义，那就是：由强烈的死亡焦虑所引起的人格层面的局部改变。它常常体现为：在经历了严重的死亡焦虑事件后，自信感下降，觉得自己对很多以前可以做到的事情不再能够胜任。对自己的身体不信任，觉得身体随时可能不受控，发生一些严重的问题。有着广泛性的焦虑，觉得生活中存在着各种各样的潜在威胁，可能会对自己带来伤害，处处有着不安全感和力不从心的感觉。**

“死亡焦虑后遗症”的发生，常常和三个因素有关。

第一个因素，是患者本身的人格基础。很多情况下，患者本身就属于“焦虑型人格”类型。这一类人，平时在生活当中常见敏感细腻，感受丰富，焦虑感比较强，担忧的东西较多。所以，遇到死亡恐惧的刺激时，焦虑更容易固着下来。

第二个因素，是刺激事件的严重程度。比如：极其严重的死亡相关事故，会给患者带来巨大的心理冲击和创伤，引发创伤后应激障碍，就像我们前边提到过的不再敢开车和不再敢坐飞机的那两位来访者。这些创伤造成的冲击固着下来，形成了症状，甚至进一步泛化形成广泛性的焦虑，就会超出患者心理可以自愈的范畴。

第三个因素，是自我暗示的作用。比如，在上面的案例故事中，那位老年妇女就是这样，不断地自我暗示与催眠自己。虽然医学上检查不出任何问题，她仍觉得胸部疼痛，甚至可以摸到肿块。这些，都是自我催眠与暗示的结果。

人的自我催眠与暗示力量有多强大？1946年，美国加州监狱内，研究人员曾就此做过一个著名的实验。实验是这样的：研究员对死刑囚犯宣布，要将他处以极刑，方法是割开他的手腕，让鲜血滴尽而死。接着，试验者把囚犯的眼睛蒙住，双手反绑到背后，用手术刀的刀背划了他的手腕一下，实际并未割破，然后用一盆水滴到桶里的声音来模仿血滴下来的声音。囚犯以为，是自己的血不断地滴出，没过多久，他就在这巨大的恐惧中死去了，而实际上他一滴血也没流出。神奇的是，事后对他身体的检查发现，身体的所有反应居然与大量失血的症状一样！也就是说，他的意识相信自己正在流血，进而使身体产生了失血过多的反应。

由此可见，人的自我催眠与暗示的力量有多么强大。同理，如果用这样的力量来想象与死亡相关的恐惧场景，那我们所受的精神折磨，一定非比寻常。

以上，是对于“死亡焦虑后遗症”的一些简单介绍和讨论。如果你身边有人或者你自己，正在经历着这样的状态，请务必重视，因为这已经超出了我们个人心理可以正常自愈的范畴，需要寻求专业的心理咨询与治疗才能摆脱痛苦，实现心理上的痊愈。

也许我们每个人的一生，就是一场与生死如影随形的旅途。如果有一天，我们能够超脱于死亡的阴影，也就真正寻获了生命的意义。我们便能自由、勇敢、无所畏惧地活出生命的本色。

第 4 课

生命灾备方案——生前预嘱

说起生命灾备方案，可能很多人会不解。如何“灾备”呢，这“灾备”可以避免死亡吗？当然不能。死亡是每个生命的必经历程，我们无法避免它，但，我们却可以为它的到来做好防范措施。当然，防范的不是死亡本身，而是我们可能因此而遭受的毫无意义的痛苦。

“生前预嘱”就是近年来在医疗领域广受重视的一项“生命灾备方案”。细心的朋友们会发现，在北京协和医院、北京肿瘤医院等知名三甲医院的走廊里，都放置了资料架，上面摆放着“我的五个愿望”等关于生前预嘱推广的宣传材料。医生们也会向病人们科普关于生前预嘱的相关知识。

那，什么是生前预嘱呢，为什么它会在医疗界如此备受重视？现在，就让我们来仔细探讨一下这个人人都需要的生命灾备方案。（在此需要做出一点声明，对于“生前预嘱”我个人也只是实践者和学习者，了解得或许不够深入全面。如果有不完善或不精准的地方，欢迎广大读者补充和指正。）

不知道大家还有没有印象，在 2017 年，79 岁言情女王琼瑶女士发表了一封公开信——《写给儿子和儿媳的一封公开信》。琼瑶女士在信中交代儿子和儿媳，无论生什么重病，都不动大手术、不送加护病房、绝不能插鼻胃管，各种急救措施也不需要，只要没痛苦地死去就好。这实际上就是一份表达尊严死意愿的“生前预嘱”。

早在 1976 年 8 月，美国加州就首开先河通过了《自然死亡法案》。只要医生判断病人处于不可治愈的生命末期，即可根据病人的“生前预嘱（living will）”，允许患者依据自己的意愿，不使用或者停止使用包括心肺复苏、呼吸机、喂食管等一系列被称为生命支持系统的治疗。这种允许患者通过生前预嘱表达本人意愿并实现自然死亡的做法，一经出现就得到美国各州和许多国家的仿效，开创了“尊严死”的先河。

什么是生前预嘱，什么是尊严死？

生前预嘱是指，人们事先，也就是在健康或意识清楚时签署的，说明在不可治愈的伤病末期或临终时要或不要哪种医疗护理的指示文件。不需要懂得太多法律或医学词汇，只要对每个愿望下问题回答是或不是，就能对临终各种问题作出基本清晰的安排。

尊严死是指，在不可治愈的伤病末期，放弃抢救和不使用生命支持系统。让死亡既不提前，也不拖后，而是自然来临。在这个过程中，应最大限度尊重、符合并实现本人意愿，尽量有尊严地告别人生。

2006 年，生前预嘱也来到中国，在保留了容易理解和表达意愿的框架的同时，在中国法律、临床、心理专家的共同建议下，形成了供中国大陆居民使用的文本。由罗点点女士、陈小鲁先生等大爱的公益人士发起成立的“北京生前预嘱推广协会”，推出了中国第一份“生前预嘱”文本样式。这份更适合我国的法律环境和公民文化心理的生前预嘱，为了彰显个人意愿的重要性，被取名为“我的五个愿望”。

我的五个愿望

- 我要或不要什么医疗服务
- 我希望使用或不使用生命支持治疗
- 我希望别人怎样对待我
- 我想让我的家人和朋友知道什么
- 我希望谁帮助我

例如，我不要疼痛，我不要任何形式的痛苦，我不要任何增加痛苦的治疗和检查。希望医生按照世界卫生组织的有关指引，给我足够的药物解除或减轻我的疼痛，即使这会影响我的神志让我处在朦胧或睡眠状态。

又例如，像琼瑶女士一样，“我希望放弃心肺复苏，放弃使用呼吸机，放弃使用喂食管”。

放弃心肺复苏，这一点大家看来或许不太容易理解。对于长期患有严重退行性疾病的患者来说，心跳和呼吸停止基本上是因年老或疾病引起的全身器官衰竭，是生命走到尽头并最终消逝的表现。对于这些末期病人来说，心肺复苏即使成功也只是暂时的，生命支持系统的使用，可能只能让患者持续处于植物状态和不可逆转的昏迷。换句话说，这时候的心肺复苏只能将病人滞留在死亡过程之中。所以生前预嘱当中有这样的选项，让患者可以拒绝这个毫无意义的举措。

除此以外，还有其他更多细致的项目，比如：我希望尽可能有人陪伴，希望在家里去世，希望临终时有某种的宗教仪式，我希望能表达我对家人的爱至死不渝，我希望丧事从简，我希望不开追悼会……

生前预嘱是我们在正常生活的状态下，就去为自己仔细思考、谨慎选择的一份“灾难后备方案”。这样，当某日灾难突然降临，我们才不会手足无措，而可以从容的、有尊严的、少受痛苦地走向死亡。这，才是真正的向死而生。

建议我们每一个人，无论健康疾病，无论年轻年老，都为自己订立一份生前预嘱。这一份关乎生命最后阶段的安宁的嘱托，是我们送给自己的最重要的生命礼物。

当死亡不再充满痛苦、令人恐惧，生命才能更加自由、更加灿烂地绽放。

第 5 课

识别：人在死前可能会出现哪些征兆？

你好，我是外科医生何心。

在讨论这个主题的时候，我是略有忐忑的。在我过去 9 年的从医生涯中，虽然了解过无数的死亡病例，但我知道，他们只是冰山一角。我所触及的死亡，只是一部分人的死亡，他们不能代表全部。但，他们依旧有着极其重要的参考意义。所以，今天在这里，我仅站在一个职业医生的视角，与大家做一个分享，去谈一谈那些我所看到的、了解到的死亡。希望对大家有所参考和借鉴。

医学上而言，我们常常观察到的**病人即将死亡的症状主要体现在生命体征的改变，包括：呼吸、心率、血压、体温的改变，以及意识状态的变化等方面。比如，有的病人会尿量减少，四肢寒冷，身体出现紫斑。有的病人会呼吸不畅，出现“死前喉鸣”，就是在喉咙深处，发出呼噜呼噜的声音。还有的病人会在生命的末期出现一种躁动、混乱的状态，我们在医学上把它叫作“谵妄状态”**。

对于呼吸、心率、血压、体温等身体层面的反应，我们是比较容易察觉的。但**对于“生命末期的谵妄状态”，我们的认识还很不够，很少去重视它，并把它和濒死状态联系在一起**。那么，今天我们就来重点讲讲这个“生命末期的谵妄状态”。

首先需要注意的是，“谵妄状态”并非会出现在每一个濒死的病人身上。临床上，它只发生于一部分人群。**最常见的死亡经过是：患者由日常状态进入昏昏欲睡以及越发嗜睡的阶段，对外界的反应越来越迟钝，渐渐地转到轻度昏迷，深度昏迷，再逐渐进入死亡**。

但，另一部分人的死亡，可能会经历一个艰难的过程：患

者可能由日常状态进入一个意识混乱的不安状态，伴有肢体的颤抖、肌阵挛抽搐，有幻觉的产生，有的会激烈地挣扎，大喊大叫，甚至有攻击性行为，有的还会伴随癫痫发作。在这个艰难的过程之后，患者渐渐转到轻度昏迷、深度昏迷状态，最后实现死亡。那么，所谓的谵妄状态，就是发生在这个艰难的死亡过程中。

那，什么叫作谵妄？谵妄有许多的名字，有的叫它可逆性痴呆，有的叫它急性脑综合征，还有的叫它急性意识混乱状态，那么在医学临床工作当中，我们也会把它称作“终末期的躁动”。

在医学上对它的定义是这样的：谵妄是一种病因学上非特异性的脑器质性综合征。它的特点是意识障碍。在谵妄发作时，意识清晰度水平降低，同时产生大量的错觉和幻觉。以视觉层面的幻视居多，言语性的幻听较少。幻觉的内容多为生动而逼真的，形象性的人物和场面。在这些感知觉障碍的影响下，病人常常会出现紧张恐惧等情绪和相应的兴奋不安，行为冲动，思维混乱，言语不连贯，对周围的环境定向丧失等症状。这些症状常常在夜间加重，每次发作可以持续数个小时到数日，与病情的变化有关。

对于谵妄状态的识别和重视，有助于我们对于患者的生命期限做出更准确的预测和推断。在日常生活中，会对于我们照料重症患者及生命终末期的亲友有所帮助。当我们意识到，患者除了生命体征减弱之外，还伴随谵妄发作的时候，应及时与医护人员沟通，以更好地帮助患者平稳度过生命的最后时光。

以上是我分享的内容，希望能给读者们带来一些收获和启发，也欢迎大家围绕相关内容做出进一步的补充和探讨。

第 6 课

我们如何跟孩子探讨死亡?

为人父母的你，也许都有过这样的经历。孩子睁着天真的双眼看着你，用稚嫩的嗓音问道:“爸爸，妈妈，某某到哪里去了?”你一时语塞，不知该如何告诉孩子，他所问的人已经去世了。

三年前，我的爷爷去世的时候，4 岁的儿子就这样问我:“妈妈，太爷爷去哪里了?”我说:“孩子，太爷爷去世了。去世的意思，就是死了。”孩子眨眨眼睛，思考了片刻，接着问："那太爷爷死到哪里去了？"这真是一个令人难以回答的问题。是呀，对于孩子而言，死亡这种凭空消失的事情该如何理解呢？太爷爷是死了，但他一定是死到哪里去了，而不是死得什么都没有了。

在孩子的世界里，有着两个独特的世界观：一个是朴素的万物有灵论，另一个是朴素的守恒观。

孩子们常常会认为，世界上的万事万物，都与自己一样，有着生命和感受。他们会觉得，太阳公公在对我笑，小鸟在对我歌唱，花儿为我盛开，蝴蝶在为我跳舞，他们常常跟花草树木或者小动物聊天。甚至连摘掉一片树叶的时候也会问妈妈，小树会疼吗？这种朴素的万物有灵论，是孩子认识自己与世界关系的一种重要依据。因此，在童年时期，让孩子理解和接受唯物主义的观点，是一件有难度的事情。

与此同时，**孩子的世界里还有一种朴素的守恒观，他们不太理解事物会发生质变和量变。**比如，孩子会把吃了一半的冰棍揣在口袋里，他们不理解或不相信冰棍会融化，化成一摊水，就这样没有了。还有，有些孩子会在路边捡回已经死去的小动物，认为通过自己的照顾，它们可以重新活过来。我自己小的时候，就曾捡过路边死去的小鸟。孩子还不太能够理解，小动物已经死了，就再也活不过来了。同理，4岁的儿子会问我："太爷爷死了吗？他死到哪里去了？"显然，在他的世界里，也遵循着这样一种朴素的守恒观。

正因为这种朴素的守恒观和朴素的万物有灵论，孩子对死亡的理解和接纳方式与成人是截然不同的。因此，我们与孩子讨论死亡的时候，也需要调整方式和角度。

孩子在不同的年龄段，理解能力有所不同。我们与之探讨死亡的方式和角度应与孩子的理解能力相匹配。

首先，**低龄的孩子（5岁以下），通常对于他人的死亡不太敏感，也不太能理解死亡的深刻内涵。对于这个年龄段的孩子，我们可以借助童话或者故事的方式与之探讨死亡。**

比如童话《卖火柴的小女孩》，在故事的结尾这样描写小女孩的死亡："奶奶把小女孩抱起来，搂在怀里。她俩在光明和快乐中飞走了，越飞越高，飞到那没有寒冷，没有饥饿，没有痛苦的地方去了。"

又比如童话《小美人鱼》，结尾这样描写小美人鱼的死亡："她再一次把她蒙眬的视线投向了王子，然后纵身跳入了大海，她觉得她的身躯在慢慢融化成泡沫。太阳从海里升起来了。

柔和的阳光温暖地照射在冰冷的泡沫上。小美人鱼并没有感到灭亡。她看到了明亮的太阳，同时在她上方还飞着无数透明的、美丽的生物……小美人鱼觉得，自己也获得了它们这样的形体，渐渐地从泡沫中升腾起来了。”

在童话中，**死亡得以被一种美好的、形象的、充满温情和幻想的方式诠释，比较符合低龄段孩子的年龄特点。**

其次，**对于 5 岁以上的孩子，由于具备了一定理解能力与逻辑思考能力，我们可以与之较为深入地探讨死亡这个话题。比较好的方式是，向孩子提供开放性的“选择”，鼓励孩子融入自己的理解，而不直接给予标准答案。**

比如，我们可以告诉孩子：“对于死亡，人们有好几种解释方式，你更愿意相信哪一种？”

科学的解释认为，死亡是生命从有机物变回无机物再回归到自然的一个过程。旧的生命死去，为其他新的生命提供孕育的条件。它是自然界的一种能量循环。

宗教的解释认为，人死了以后，好人会上天堂享受幸福快乐，坏人会下地狱受到惩罚。有一些宗教还认为，我们的生命是不断轮回的。这一世的生命结束后，灵魂不灭，会转世成为另一个新的生命，继续生活。

还有，民间传说里的解释认为，死去的人会生活在另外一个世界，叫作阴间。在那里，他们的生活和居住方式与我们非常相似。所以，清明节或中元节的时候，我们会给逝者烧纸钱。纸钱就是那个世界的货币。他们可以用这些纸钱，在那个世界买自己需要的东西，丰富自己的生活。如果他们想念生活在我们这个世界里的人，就可以到梦里来看我们。

这些都是人们对死亡不同的解释方式。我们可以问孩子，你更愿意相信哪一个？为什么更愿意相信它呢？**把选择的权力交给孩子，让他依据自己的理解方式和逻辑思考，来作出选择。并且诚实地告诉孩子，在这件事情上没有标准答案。毕竟我们谁都没有死过，我们不知道死后到底是什么样子的。**

曾经有一次，国际心理社会肿瘤学会“卓越临床终身成就奖”获得者唐丽丽教授和我分享了她与孩子探讨死亡的小故事。

一天，5 岁的儿子忽然特别担心妈妈会死掉。于是她便与孩子进行了以上的探讨。之后，孩子说：“妈妈，等我长大，要是你死了，我就生一个孩子，你就来做我的孩子，好吗？然后等你长大，等我死了，你就再生一个孩子，我又来做你的孩子。我们就这样，你生我，我生你，永远在一起，永远不分开。”

后来，生前预嘱协会把这个有趣的故事做成了儿童生命教育绘本，名字叫作《小象布布》，感兴趣的家长朋友可以去找这本书和孩子一起分享阅读。

除此以外，**当家中亲人去世的时候，我们也可以与孩子自然地谈论死亡以及关于死者的故事，不要把死亡作为一种禁忌。**

英国著名哀伤心理学家朱莉娅·塞缪尔，在自己的著作《悲伤的力量》这本书的发布会上这样说道："小时候，家里的墙壁上挂着几张黑白照片，都是合影，照片里的人看起来与我的父母很亲近。我不知道他们是谁，为什么他们的照片会挂在我的家里？但大人们不让问，说他们已经死了，死于'二战'。我觉得很恐怖，似乎死亡是一种禁忌，连提起来都会让人害怕。我们为什么不能坦然地谈论死亡呢？这是一件再自然不过的事情。为什么要让它伴随着禁忌，成为孩子的恐惧？"

是的，其实我们是可以也应当与孩子谈论死亡的。当我们自然地说起死者的故事，谈起与死者的回忆，孩子的心中也会勾勒出那些美好的画面。在孩子心里，死者仿佛仍有生命般鲜活和温暖地存在着，这是一种多么美好的情感和慰藉。同时，我们也可以与孩子一起，通过追忆、诉说和分享，来分担我们的思念和哀伤。

生和死本是一对孪生子，就像阳光和阴影。你若站在阳光下，身后必有阴影随行，这是多么自然的事情。在孩子们的眼中，死亡不是一个终结，而是有着万千可能的继续。问题在于，作为成人的我们，能不能允许孩子在他们的世界里保留这一份“万千可能”？

在关于生死的话题上，若我们能坦然一些面对孩子，孩子也便能坦然一些面对这个世界。

第二篇

爱如羽翼

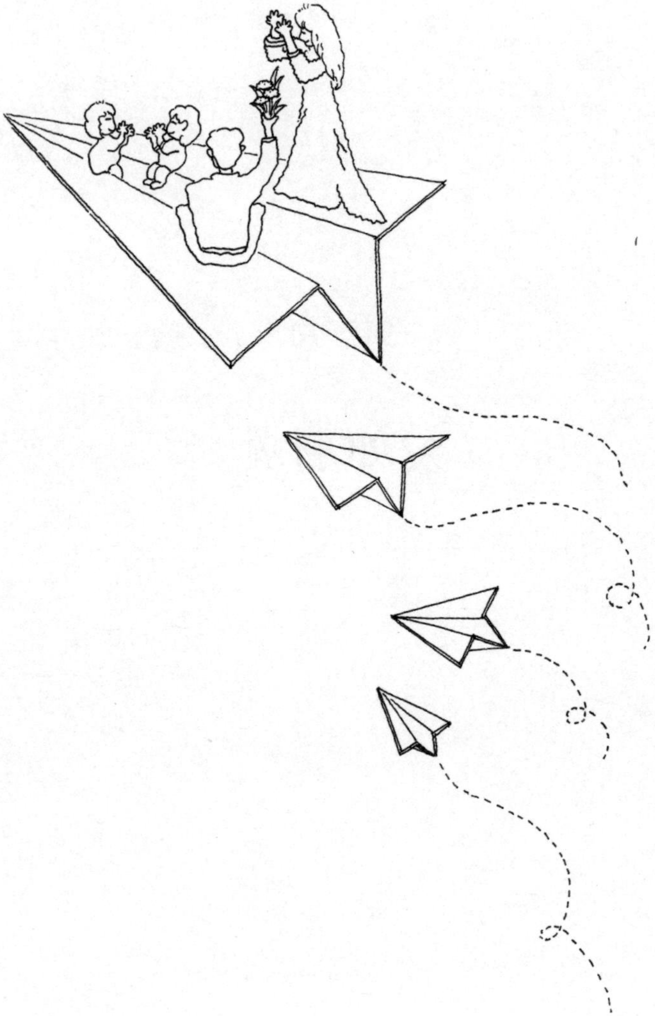

第 7 课

面对别人的自杀想法，我该如何救助？

记得几年前曾看过一个有趣的社会调查。研究者在人群中随机抽样进行采访，探讨人们关于自杀这件事的想法。结果，受访的人约有 90% 表示，一生中曾有过自杀的念头，只是程度不同而已。其中一位受访者表示，由于当时愿望强烈，确实尝试过自杀行为。其余的受访者均表示，他们的“自杀想法”只是停留在想象层面，转瞬即逝，不会真正付诸行动。

正如我们在前边提到过的，精神分析学大师弗洛伊德认为，人类与生俱来的“本能”除了生存繁衍的“生本能”以外，还有破坏和攻击性的“死本能”。“生本能”与“死本能”的平衡统一，维持着我们人类整个种群的延续与发展。而，自杀想法便是“死本能”最常见的表现形式之一。

还记得16年前，我大学刚毕业、初次来到北京的时候，在北京西站打了一辆出租车。司机是一位中年女性，在路上走着走着就开始掉眼泪。听说我是学心理学的，她便开始向我倾诉。说到她不幸的婚姻，被前夫骗光财产，孩子又因病离世。她从副驾的抽屉里拿出一个信封，我打开一看，里面是一封遗书。她说，这两天就准备去跳香山，找一个偏僻的地方跳下去，不要被人发现，要是被救起来，那就白跳了。当时的我，20出头的年纪，完全被吓蒙，不知所措。

后来，真正走入心理咨询师的职业，我才明白，原来存在自杀想法是一个非常普遍的事情。来访者们会常常跟我提起它，以及对它的种种幻想。正如在你身边，也会有人经意或不经意的跟你提起。

自杀的想法会真正导致自杀的结果吗？这个问题我观察了很久，得出的答案是否定的。**自杀的想法也许大部分人都曾有过，但真正去实施的还是少数。毕竟，死本能的快感，其实来源于人**

们对它的想象，而并不在于真正实施的过程。所以，绝大多数人通过想象，就能满足这种心理需求，而不需要真正实施。但，**需要注意的是，人群中真的有一部分人是会去实施自杀行为的。他们有的是在激情状态下不管不顾的，有的是经过深思熟虑的。而一旦他们把这个想法吐露给你，你就需要迅速做出判断和反馈，帮助他们确保生命安全。**

那么，当别人对我们提起自杀想法时，我们该怎么做呢？以下三点可以参考：

❶ 不要回避，谨慎询问他为什么想自杀

有的朋友认为，应该去避开他这种想法，转移话题，分散他的注意力，跟他聊一点别的事情，糊弄过去就行了，他就不会想自杀了。但其实，这种回避的方式并不能真正地帮助到他。他的内心仍然会保留这种想法，只是不再跟你说了而已。

还有的朋友担心，跟对方谈论自杀想法可能会促使他的自杀行为。本来他还没有那么想死，深入谈论一下，他可能就真的想死了。其实不然，去探讨自杀想法产生的原因并不会增加自杀风险，并且，我们只有深入了解了对方想要自杀的原因，才能更

有针对性、更有效地帮助他。

记住，在这个探讨的过程当中，**我们应该尽可能地把倾诉的空间留给对方，认真去倾听对方的表达，而不是急于去说服教育对方。我们需要去了解：他为什么想自杀？这种想法是从什么时候开始的？这种想法有多强烈？他只是想想，还是已经做了自杀的准备？如果已经做了准备，这准备是什么？对自杀的后果，他有没有认真考虑过？对于这个后果，他又有什么样的看法？**

如果他曾不止一次的想自杀，又不止一次的放弃，那么，记得去仔细询问他，是什么让他舍不得、放不下，让他那样牵挂？这些让他舍不得的人和事，都是我们在死神面前拉住他的绳索。

需要强调的是，在对方倾诉的过程中，我们给他的倾听和陪伴是第一位的。不要贸然去评价他，给他建议或者指导。人们在表述自己的自杀想法时，往往都是情绪敏感的，虽然你是出于好意，但贸然的评价或建议会让他觉得你并不理解他，因此，他可能会对你有所保留，或者不再想跟你继续探讨下去。

❷ 注意细节，评估自杀风险

在陪伴对方探讨自杀想法原因的过程当中，有一些细节我们需要非常留意。

首先，去察觉他的心理状态，他当下的心理状态是否正常？如果他情绪低落，不断掉眼泪，想法悲观，敏感脆弱，我们需要考虑到他是不是抑郁了？抑郁症患者常伴有自杀想法，严重者会产生自杀行为。如果我们怀疑他是抑郁症引发的自杀想法，可以告诉他或者他的家人，建议他们去医院或者专业的心理咨询机构寻求帮助。

其次，一些重大的创伤性事件，也常常引起人们自杀的想法。比如，亲人离世，遭遇人身伤害或者性侵犯、失恋、离婚、破产、孩子走失等人生重大事件，人们一时难以接受，会产生万念俱灰的绝望感，容易在激情状态下，产生自杀想法以及自杀行为。如果对方是这种情况，我们需要第一时间与他的家人取得联系，向其家人说明情况，确保他的安全，然后寻求专业的心理支持与治疗。

最后，留意他的神志是否清醒正常，他是不是状态恍惚，意识涣散？或者语无伦次、焦虑不安？或者浑身冷汗，肢体颤抖？他是不是处于一个正常思考的状态，还是表现出与情境不相符合的开心或者兴奋状态？诸如此类，所有反常的细节，我们都有理由去怀疑他，是不是精神疾病发作？是不是精神类药物的副作用影响？是不是神经症发作？是不是受到了意外刺激？

如果，所有这些状态都排除掉，我们确定对方是清醒、正常、意识清楚地在跟我们讨论自杀这个问题，我们就可以进入下一个环节：评估自杀风险。

如何去评估对方的自杀风险呢？主要是看，他们情绪的激烈程度，以及对自杀这件事情，他有没有深入的思考和准备。

处于激情状态下的人非常容易冲动自杀。因为人在激情状态下注意力是狭窄的，理性思维受限，无法慎重地分析后果。我的一位心理咨询师同事告诉我，在他们心理咨询中心就发生过这样一个真实的事件。父亲带着儿子前来咨询，儿子很抗拒，父亲很强势，结果还没有开始咨询两人便争吵起来。父亲伸手去拉儿子，儿子一把推开父亲，转身便从窗户上跳了下去，当场身亡。

这就是激情状态下的自杀。当事人非常冲动，做事不经过思考，行为不计后果。如果我们发现，与我们谈论自杀的对方正处在一个激情状态下，最好的办法就是拖延时间。尽量把谈话拖长，引导他去倾诉和发泄，与他周旋，不让他去采取自杀行为。据相关研究表明，在自杀者处于激情状态下，我们拖延的时间越长，越有利于他恢复冷静，当激情状态过去了，他理智思考的能力会逐渐恢复，自杀概率也就大大降低了。

还有一种自杀，也属于高危的情况。那就是，当我们发现，想要自杀的这个人，他已经深思熟虑过了，自杀这个想法是他慎重思考后的决定。他已经周密地策划过自杀的方式和手段，安排好了时间和地点。他已经考虑清楚了后果，并且对后果已经作出了安排。这样的自杀是我们最难以防范的。自杀者往往默不作声，装作一切如常的样子，不声不响地就实施了自杀行为，并且死亡率非常高。

如果我们发现这种情况，一定要及时通知自杀者的家属，对他进行严密的保护。同时，最重要的一点是，劝说当事人去做专业的心理咨询和治疗，唯有打开他的心结，才能真正帮助到他。

通常状态下，除了激情状态以及这种深思熟虑的自杀准备的情况，剩下的情况，通常自杀风险都不算太高，都是我们可以给到对方一些心理支持和干预的。

❸ 给予对方心理支持

那么，如何给到对方心理支持和干预呢？首先，我们需要去弄明白，“自杀对于他而言到底意味着什么？他想要的到底是什么”？

“自杀”，虽然结果都是杀掉自己，但对于不同的人却有着不同的意义。

比如：有的人反复提起自杀是希望寻求关注，用时下流行的话来说叫作刷存在感。我的一个来访者，13岁的女学生就是这样。自从妈妈生了弟弟，全家人的注意力都集中在弟弟身上，对于她就比较忽略了。于是她开始频频提出自杀想法，每次一说想自杀，家人就害怕，就把注意力放在她身上，对她百依百顺。过了一段时间，大家放松下来，她便又再一次地说想自杀。如此以往，循环反复。我们不难看出，她想要的其实不是死，而是爱。

又比如，有的人想自杀，其实是希望被挽留。我接到过一对情侣来访者，男生提出分手，想要结束感情；但女生执着不放，百般挽留。男生不为所动。女生绝望之余，爬上窗台想要跳楼。我们不难看出，她想要的也不是死，而是留住这段亲密关系。

还有些人，其自杀的目的是报复和惩罚。比如，前文中我提到过的那位与父亲吵架而自杀的男孩。他在跳下去的时候，也许并不是想真正地结束自己的生命，只是想惩罚父亲，不料却是这样的结果。

还有的自杀，是为了自证清白。记得前些年有一则社会新闻，一位保姆因为被主人家诬陷偷了东西，有口难辩，于是留下遗书，打算以死自证清白。后来在大桥上跳江，被过往行人救了下来。我们可以看出，她想要的也不是死，而是清白。

说到这里，也许你会发现，原来这么多人的自杀想法都不是真的，他们不是真心想死，只是想用自杀这个办法来解决问题。哪怕赌上自己的性命，也要换回自己在乎的关爱、关注、尊严等。所以，当我们了解到了他们内心的真实想法和需求，就可以有针对性地开导他们，帮他们寻找资源，想办法解决问题。如此一来，他们的自杀想法便会得到减轻和缓解。

以上三点，可以帮助我们和有自杀想法的朋友进行沟通，并且做出一些简单及时的心理干预。

接下来我们还要补充极其重要的两点：

第一，在沟通过程中，请尤为警惕一种情况——与我们讨论自杀的这位朋友，他有没有“扩大化自杀”的倾向？

什么叫作“扩大化自杀”？它大概的意思是，当事人不仅想要杀死自己，还想要连带着杀死别人。也许你会以为，这像电影电视剧当中的复仇情节，一个人杀死自己的同时，与仇人同归于尽。其实不然。“扩大化自杀”波及的对象很多时候是当事人最爱的亲人，或者是与他毫无瓜葛的无辜者。

举个例子，曾经有一则社会新闻，一位身患产后抑郁症的妈妈带着两个孩子跳了楼。她在遗书里说，因为害怕两个孩子没有了妈妈，会在这世上受苦，所以带他们一起走。还有另一则社会新闻，一个人想要自杀，于是在公交车上点燃汽油，导致公交车爆炸，全车无辜的乘客死伤大半。这就是扩大化自杀。它的后果极其严重，会给无辜的人带来灾难。

所以，我们在与有自杀想法的朋友交谈过程当中，一定要留意，他有没有扩大化自杀的倾向。如果发现有，务必要极力劝阻，保护好自己，并且预警他的家人。如果他有在公共场合实施扩大化自杀的打算，甚至已经进入了准备阶段，就有必要向公共安全机关提出预警，以保证更多人的生命安全。

第二，即便你成功地安抚了他的情绪，他看起来也放下了自杀想法。请务必建议他，向专业的心理咨询机构或者医院的临床心理科寻求咨询与帮助。因为，如果我们不是专业人员，很难准确地判断他的状况，到底是不是真正脱离了危险。

在选择心理咨询师或者心理医生的时候，务必要确认对方有专业的受训背景和正规的资质，才可以进行治疗。千万不要让专业背景不足的心理学爱好者或者经验不足的新手咨询师进行尝试性的治疗，以免造成二度伤害，后果不堪设想。

好了，以上就是我们这一课讨论的全部内容，希望能够对你和身边的朋友有所帮助。

第 8 课

如何向重疾患者告知坏消息？

一天晚上，我接到一位医生朋友的电话。他说，父亲的检查报告出来了，是直肠癌。他不知道该怎样告诉父亲，或者该不该告诉父亲。“我很担心，如果告诉他，他会不会受不了？临床上我也确实见过这样的患者，在得知诊断后深受打击，不久就去世了。但如果不告诉他，他在治疗过程中迟早也会有所察觉的。那我们怎么办？编一个又一个的谎言糊弄他吗？或者，他会不会更加胡思乱想，把事情想得更绝望……”

是的，这真的是一个很艰难的抉择。在我为肿瘤患者做咨询的这 10 年当中，也与很多患者朋友探讨过——“如果有选择，你愿意还是不愿意，知道自己确切的诊断？”他们的回答是各不相同的。有人愿意知道，有人情愿不知道。而更多的人，则希望自己能有一个心理准备以后，再被告知坏消息。如此，不至于给自己造成太大的心理冲击。

那么，到底该如何向身患重疾的人告知坏消息呢？以下 4 个步骤我们可以参考：

❶ 确认患者所处的心理阶段

他是对自己的疾病全然无知，还是说已经开始有一点感觉到情况不对了？

很多重疾患者，在拿到检查报告之前，对自己的病情是全然无知的，就像我前文中提到的这位医生朋友的父亲。这个时候，如果家属先于他得知了诊断结果，那我们可以给他提供一段心理缓冲的过程，让他有一点心理准备再去接纳病情，以帮助减轻重疾诊断对他造成的心理冲击。比如，我们可以委婉地暗示他，“医生说这种情况可能比较麻烦，还需要进一步确诊，不排除直肠的某一部分有发生癌变的可能性，还要再观察一段时间，医生建议我们一边治疗一边观察”。如此，患者可以有一个初步的心理准备，在治疗过程中，也会逐渐地对疾病的状况有所察觉。等到他有所觉察了，我们再去与他探讨病情，这样就会容易得多。

还有一种情况，就是患者本身对于自己的疾病状况是有一点感觉的。他们在去医院检查之前，就大概知道自己情况不妙了。也许是身边有人得过这种重疾，他见过，所以知道自己大概也是这样。也许，他的家族有疾病遗传史，对于这种病况已经有了思想准备。而更多的患者，是在医院拿到检查结果以后，医生没有直接告知病情而让他把家属请来，在那一刻，他们就感觉事情不对了。基于这种情况，患者本身已经有了一定的思想准备，我们就可以进入下一个阶段，与他探讨病情。

❷ 该不该告知患者坏消息

在告知患者坏消息之前，有一个非常重要的环节不可忽略，那就是询问他本人的意见：他想不想知道这个坏消息，以及，他想知道多少？

不是每个患者都希望知道自己的病情的。曾经有一位医生朋友与我分享她的经历。她的病人是一个69岁的男性老人，癌症晚期，子女一直不知该如何告诉他实情。但家人一致认为，老人有必要了解真相。于是，拜托她帮忙告知老人。她把老人请到办公室，对他说："你想知道你病情的真相吗？"老人摇摇头，说："不想。"她说："你的家人希望你知道真相，你的时间已经不多了，让我来告诉你……"后来，老人离开办公室后，一直不停掉眼泪，情绪低落到谷底，不断跟子女说："你们这些不孝的孩子，就巴不得我早点儿死，你们太没良心了！"之后不久，老人就转院了。我的医生朋友问我："难道我做错了吗？难道不是每个人都值得知道真相吗？"

是的，每个人都值得知道真相，但不是每个人都必须知道真相。对于这一点，我们应该尊重患者自己的选择。他可以选择面对，也可以选择逃避。他如果想知道，我们就告诉他。他如果不想知道，我们就不勉强他。

对患者而言，他还可以选择，他愿意知道多少？

有一些患者愿意知道全部：我得了什么病？这个病是怎么产生的？怎么治疗？接下来会如何？我还能不能痊愈？我到最后可能会怎样？他们希望，就算自己最终难逃一死，也要明明白白地死。

而另一些患者不同：他们不想知道自己得了什么病，不想知道接下来会经历哪些痛苦，他只想知道自己还有多长时间，他想好好安排这些时间，让余生过得有意义。

还有一些患者，干脆什么都不想知道。他们觉得，自己知道真相了以后自己可能更痛苦，倒不如不要知道得那么清楚，医生叫我怎么做我就怎么做，这样心理负担反而更小。

每个人都有选择的权利，所以，在告知坏消息前，别忘了先尊重他们选择。而如果他们无法做出选择，没关系，我们可以用下面的方法告知他们，也可以最大限度地保护到他们的心理。

③ 如何向重疾患者告知坏消息

如果患者愿意知道真相，我们最好为他做一个“全面告知”。因为只有完整地了解事情的全部，才有助于患者控制感的恢复。

那，怎样是“全面告知”呢？那就是，我们去告诉他：这个疾病是什么？它可能是什么原因引起的？你处于哪一个阶段？这是一个怎样的阶段？你可能需要怎样的治疗？有几种可选的治疗方案，每一种方案分别是什么？每一种方案的利弊得失是什么，每一种方案可能带来的结果，你可能在治疗中经历什么？以及这些治疗可能带给你的影响：最好的情况是怎样？最坏的情况是怎样……

这就是“全面告知”——不仅仅告诉他“你得了什么病”，并且还告诉他前因后果，告诉他接下来的每一步会发生些什么；他接下来的生活会变得怎样；他可以有哪些选择；以及有哪些办法、在多大程度上可以帮助到他。

当患者知道了所有这一切以后，他就会拥有一个基本的控制感，觉得整个事情的走势是他可以预期的，觉得有一些安排和努力是他可以做到的。他的内心就会安定很多。不会像我们之前担心的那样，突然得知了坏消息以后情绪崩溃失控。

在这个过程中一定要注意，“全面告知”的内容越丰富、完整度越高，对于患者而言就越有帮助。因为，但凡你没有告知的部分，他都会自己去猜。而他自己猜的内容，往往就会有无限想象的空间。很多患者都是越想越害怕，吓到自己。所以我们能多告知他一些，他就会少猜想一些。对于他而言，心理损耗就会比较小。

在告知坏消息的时候，我们也会因为角色的不同，而给到患者不同的支持。

假如你是医生，要向你的患者或者家属告知坏消息。可能你需要做的不仅仅是告知以上内容，更重要的是，帮助患者和家属最大限度地去理解你所告知的内容。因为，医生与患者的知识结构是不一样的，很多时候，我们以为自己已经表达清楚了，但其实他们并没有理解，甚至会发生误解。而在这样的情况下，我们是无法帮助患者恢复控制感的。所以，如果我们可以放下权威的姿态，用顾问式的态度与他们交谈，用他们能够理解的语言去向他们进行告知和解释，效果就会好得多。与此同时，作为医生，我们所展现出来的态度也有着重要的心理支持意义。不管患者处于怎样的病程阶段，如果我们都能让他感受到“我会一直在这里，不会放弃你”，如此这般，患者就会收到强有力的心理支持和安全感。

换一个角度来说，假如你的身份是患者的家属，在尽你所能地对患者进行了“全面告知”之后，我们还可以进一步与患者分享，我们整个家庭接下来的规划和打算。因为，重疾的治疗往往不是一个人的事，而是一个家庭的事。全家都需要动员起来，对患者的治疗和生活给到方方面面的支持。患者常常会感到担心和内疚：担心的是，我的家庭有没有能力应对这场挑战？内疚的是，我又给家人增添了负担和麻烦。这个时候，如果家人可以告诉他，我们已经做好了计划和准备去迎接这场挑战：我们打算做哪些努力去解决经济上的问题；你在治疗期间孩子谁来照顾，生活怎么安排，工作如何交接；你住院的时候谁来照顾你、谁来照顾家里；家族的亲属之间已经做了怎样的沟通和协调，大家会为你提供怎样的陪伴和关照……这些生活层面的细致规划和安排，都会让患者获得心理上的安定感和控制感。

④ 告知坏消息后，该给予患者怎样的心理支持？

重疾患者在得知坏消息以后，会经历一段时间的心理上的低潮期。在这期间，他们将完成一个重要的角色转变 —— 从一个正常生活的社会个体，转变为一个“职业病人”。那么，我们该给予患者怎样的心理支持呢？

从一个正常生活的社会个体，转变为一个“职业病人”，这个过程毫无疑问对于每位患者而言都是艰难的。

他们将面临心理上的诸多困境，比如：

内疚感——“我以后就是个废人了，什么都干不了，只能给家人增加负担，我就是个累赘。”

社会价值感的丧失——“我以后都不能工作了，没有价值了，还有谁会搭理我这样一个没用的人？”

孤独感——“我越来越不愿出门，总觉得别人看我的眼光都是异样的。更讨厌邻居们问我，你咋样啊？好点了吗？医生怎么说？”

死亡焦虑——“我每天都会想，我还能活多久？最后会怎么死？我死后孩子怎么办、家人怎么办……”

以上这些，都是患者们在得知坏消息以后，常常会有的悲观感受。在情绪上，他们也会表现得反复无常。有时抑郁低落、独自垂泪；有时敏感多疑、浑身带刺；有时又感性温暖，对家人感激涕零；有时又无理取闹，看什么都不顺眼，处处找碴儿。

对于陪伴患者的家人而言，这段时期也是最痛苦的。有时感觉自己都快被患者“作”崩溃了，更不知怎样才能给予患者心理支持。

其实，我们能够为患者做的无外乎两点：**接纳与陪伴**。

我们能不能接纳这个事实——我们的这位亲人，他在身体患上重疾后，心理也患上了重疾。他在身心两个层面都需要特殊的照顾。并且，也许，他在身心两个层面都已经没有办法康复了。我们能不能接纳这一点？能不能放下对他的要求？能不能允许他不积极、不乐观，能不能允许他敏感多疑，允许他反复无常？如果我们可以做到“允许”这两个字，对患者和家属双方而言，心理压力都会减轻很多。

我们能不能做到这样的陪伴——在每一个他身体和心灵承受痛苦的时刻，陪在他身边，一遍遍地倾听他，一遍遍地安慰他。不抱怨、不嫌烦、不嫌他唠叨反复、不评价他对错，不与他争辩，不指责他，只是全然的陪伴，去倾听他想说的，去感受他的感受。对他而言，这样的陪伴就是最温暖的抚慰和最具安全感的支持。我一直特别喜欢一句话“陪伴是最长情的告白”。对于患者而言，他需要独自承受的压力已经太多太多，我们能够多陪伴他一点，他就可以少孤独一点。

经由以上分析，我们可以更深入地理解到，向重疾患者告知坏消息，它不仅仅是几句话，或者治疗流程中的一个事项那么简单。它是一段极其重要的心理历程，是患者疾病治疗中关键的初始阶段。从某种程度而言，它甚至从开始就决定了患者在整个治疗过程中的情绪基调，对于后续治疗效果有着至关重要的影响。因此，希望更多的医生和患者家属能够关注到这个环节的重要性，也希望每位患者都能被爱、被支持、被这个世界温暖相待。

第 9 课

如何帮助重疾患者缓解死亡焦虑？

重疾患者本就面临着巨大的心理压力。我们常常觉得，宽慰他还来不及，怎么能去跟他谈论死亡焦虑呢？去跟他讨论这么悲伤的事情，会不会加剧他的悲伤情绪？

关于这一点，我想与大家分享我在临床心理咨询工作中的一个重要觉察：我发现，大部分人在真正接近死亡的时候，是渴望谈论死亡的。因为，能与他一起分享这个话题的人，寥寥无几。

在我的咨询室里，就有很多重疾晚期的患者，他们忍受着身体的疼痛和不适，穿越大半个北京城跑来找我，只为了跟我探讨死亡这个话题。

一位来访者对我说："我知道我必死无疑，但我太害怕了，只要你能让我不害怕，我多少钱都愿意给你。这种恐惧我无法跟别人说，没人能懂我的感受。"

另一位来访者告诉我："我每天最大的煎熬，是在家人面前假装乐观，假装不知道自己的病情。但我知道，我活不长了，我是知道的。很害怕，可又不敢说，也不知道能跟谁说，这样的日子太压抑，太痛苦了。"

我的患者们告诉我，他们常常倍感孤独。在死亡这个话题面前，似乎亲人的陪伴完全无法支持到他们。

我问他们，为什么不能跟亲人探讨？有人说，不行，这样太残忍，会对亲人造成伤害、增加亲人的心理负担，让他们更加担心；还有人说，害怕亲人的回应让自己失望，让自己伤心，不如不说，心里还能有点儿温暖的念想。还有的人告诉我，当他们鼓起勇气想与亲人探讨这个话题时，却遭到亲人的回避，亲人们都说，"不要乱想，一切都会好起来"。如此一来，他们便无法将话题进行下去，只能装作一切真的会好起来的样子。但其实自己心里清楚，一切都不会好起来了。

我想，这些情况常人都是能够理解的。毕竟，亲人是与我们情感联系最为深刻和密切的人。谈起这样的话题，都会觉得很创伤，所以想要回避也是人之常情。因此，我们在这里讨论的——如何帮助重疾患者缓解死亡焦虑——这一场对话，不一定有机会发生在亲人之间，它需要太多的勇气。但，这场对话是可以发生在朋友之间的。如果你想要给予一个处于生命末期的朋友心理支持，或者，如果你是一个心理咨询师、医护人员或者社会工作者，也可以参考这种方式，为需要的人们提供帮助。

在我们开始讨论之前，还有一点需要强调。虽然我在前文中提到，大部分处于生命末期的患者是渴望谈论死亡的，但不排除，少部分患者是抗拒谈论的。他们还没有做好准备，很多人虽然知道自己的生命即将接近终点，却无法接纳这个事实，处于一个很挣扎的状态，甚至害怕听到死亡这两个字。所以，我们在开始探讨之前，一定要确认患者的心理状态，他本人愿不愿意谈，以及他愿不愿意跟你谈。这一点非常重要。只有在患者自己愿意讨论的情况下，我们的谈话才可以真正地帮到他。

那么，接下来我们要进入正题了，先请你试想一下：一个处于生命末期的人（或许是你的朋友）向你流露出对死亡的担忧和恐惧时，你会如何宽慰她？

我的一位来访者告诉我，他的几个朋友是这样安慰他的。一个说："咱们今朝有酒今朝醉，明天要死要活无所谓。别想了，想也没用。"另一个朋友说："不要悲观。世界上是有奇迹的，说不定，你就是奇迹，根本死不了。"还有一个朋友说："没事儿，下辈子咱们还做兄弟。"

我的来访者说："当我听到'下辈子还做兄弟'时，我就觉得他已经放弃了这辈子的我。虽然我知道，他们都是好意，但真没法继续聊下去。我明白，想也没用；我也明白，我不是奇迹。我就是忍不住说说，说说我的恐惧，希望他们能帮我分担一下，可是，他们都很回避。"

是啊，一个人在生命即将接近终点的时候还能渴望什么呢？他们渴望的，无非是倾听、陪伴与分担。在不得不直面死亡恐惧时，能感觉到"我并不孤独"。

那我们应该怎么做才能帮到他们呢？以下三点，供大家参考：

第一，我们需要做的就是不逃避。陪他们一起面对，鼓励他

们倾诉，以及认真地倾听他们。

当患者终于鼓起勇气在我们面前提起死亡这个话题的时候，我们更应该鼓起勇气听下去，而不是急于去阻止他“胡思乱想”，也不用鼓励他“积极一点，别悲观”。认真地去倾听他们每一个想法，耐心且尊重，努力去理解他们，鼓励他们放下种种顾虑、真实地表达自己。只有他们觉得你是诚恳的，你愿意倾听、听得懂，并且可以承受这个话题的时候，他们才敢打开心扉，把自己的担忧真正袒露出来。

第二，去努力理解，他们的担忧与恐惧到底是什么？

我接触过的几乎每一位患者都说，自己害怕的是死亡。然而，仔细倾听下来，你会发现，他们真正害怕的事情其实不一样。

一位来访者对我说：“唐老师，我不是怕死，我只是害怕一个人去死。那种感觉太孤独。就好像我一个人去一个完全陌生的地方，不知道在哪里，也不知道那边是什么样。只知道去了就再也回不来了，所有我的家人都再也见不到了。太可怕了。”

另一位来访者告诉我：“这些年的癌痛让我痛苦不堪，坦白说，我真是活够了，没什么舍不得的。但我害怕，死的时候会不会更疼，我担心自己会疼死。一想到这里我就忍不住掉眼泪。”

还有一位来访者对我说：“唐老师，我真是不敢死、死不起啊！我死了，两个孩子怎么办？我70多岁的父母怎么办？一想到我死后他们凄惨的生活，我这心里就像刀绞一样，难过得不行。”

正如我在本书前言里提到的，死亡对于每个人而言，有着不同的意义。所以，我们对死亡的恐惧，也是不同的。我们只有明白了一个人恐惧的到底是什么，我们才能针对他恐惧的内容，给予他宽慰，陪伴他探讨，给予他帮助。

第三，也是最重要的一点，那就是——帮助他们恢复控制感。

什么叫作“控制感”？我们可以这样简单地理解：每一个生活在社会当中的人，都需要一个基本的安全感。我们需要感觉到，我们的人身安全、我们的生活，以及周围的生存环境是基本可控的，这样我们才能有安全感，这种基本可控的感觉就叫作控制感。

那什么叫作“控制感丧失”呢？举个例子，2003 年非典型性肺炎肆虐期间，由于是经呼吸道传染的病毒，扩散极为迅速，短时间内就席卷全国，当时全国上下一片恐慌。那年我还在读大学，记得学院里有一个人咳嗽发烧了，接着传闻说，又几个人被感染了，之后整个学院被隔离。我们的宿舍区被隔离了一层又一层，不能回家、不能外出、不能见客，每天喝学校送来的预防汤药，在隔离区食堂用餐，听着新闻里每天播报的不断增长的感染人数和死亡数据，听着同学们流传“听说谁谁谁也被感染了”，简直人人自危、风声鹤唳，人人都担心下一个会不会是自己。这，就是控制感丧失。简而言之，就是，我们感到生活中很重要的一部分因素不可控，危险可能随时发生，我们基本的生存安全无法得到保障，那种很焦虑的、惶恐不安的感觉。

说到这里我们不难理解，对于处在生命末期的患者而言，控制感是极度缺乏的。如果，我们能够就他们所担心和恐惧的内容，给到他们宽慰和支持，或者帮助他们看到一些解决办法，就能帮助他们恢复部分的控制感，也就能够帮助他们减轻焦虑，减轻心理上的紧张和痛苦。

那么，具体应该怎么做呢？举例来说：

如果他害怕的是孤独，害怕一个人去死，害怕独自去到陌生的地方。我们就可以与他探讨第 2 课“死后的世界”中提到的内容。根据他的灵性观，引导他去联想，在那个世界有没有已经去世的亲人或者朋友？他们在那里过着怎样的生活？他希望死后如何与这些亲人或朋友相处？

如果他有宗教信仰，我们可以与他探讨他的信仰体系内对于死亡的解释。

如果他是唯物主义者，认为人死万事空，我们也可以去与他探讨，在死后，他所害怕的到底存不存在？“死亡发生时你根本不会知道，因为，你不在场。那还有什么可怕呢？”“如果连你都不存在了，你的孤独还怎么存在呢？”等等。当他对这些问题有了一个深入的思考，对孤独的恐惧感也会有所缓解。

如果他害怕的是死前遭受痛苦，我们就可以去与他探讨，如何才能避免可能发生的痛苦？有没有什么准备是我们可以预先做的？比如说，选择他所信任的医院、医生和治疗方案，或者选择安宁疗护中心？还可以进一步与他讨论，如何保证在生命末期得到足够的镇痛药品、温和的护理，以及温暖的告别。想清楚这些，做好相关的准备，他的死亡焦虑便会缓解很多。

如果他害怕的是自己离世后家人经受痛苦。那我们就可以帮助他，提前去做一些准备工作。比如，哪些人可以在孩子成长的过程当中给予他们帮助？我们可以先去与这些人做沟通、做托付。对于父母晚年的生活，经济上有没有来源？有没有朋友，有没有亲人可以帮忙照顾他们？我们可以帮助他去做一些规划和安排，尽可能地将家人的生活照顾得更好。就像我在本节内容开始时提到的那位担心两个孩子和父母会孤苦无依的来访者。她在仔细考量过后，挑选了几位闺密作孩子的“干妈”，把她们称作“妈妈军团”。她对“妈妈军团”做出嘱托，请她们出现在孩子的毕业典礼上，出现在孩子的成人礼上，出现在孩子的婚礼上，出现在孩子人生的每一个重要时刻，以“妈妈”的身份代替自己陪伴孩子。之后，她拜托几位表姐表弟轮流来看望老人，为老人做饭和打扫卫生，对老人的晚年也做了安排和托付。做好这些准备以后，她整个人都安定了很多，焦虑也得到了很大程度的缓解。

除了以上内容，如果患者需要，我们还可以协助他们去做“关于死亡的规划”，这也会对他的控制感恢复有很大帮助。所谓“死亡规划”，就是对自己的死亡，预先做出符合自己心意的安排和计划。

比如：他希望在哪里离世，是在家里还是在医院？如果是在医院，那么，哪一家医院她比较喜欢？

又比如：他想要一个怎样的葬礼？想要离世后用哪一张照片做遗像？想要穿着哪一件衣服在葬礼上？想要哪样一些仪式？想让哪些人来看他？不想让哪些人来看他。他想要埋葬在哪里？有没有哪一个陵园是他喜欢的，或者他想要和谁葬在一起？

甚至，还可以细节到，等他去世了以后，中元节，清明节，有没有一些对自己祭祀的要求和期待。

这些内容常常是他们独自思考的心事，不太有机会对人吐露。如果你愿意陪伴他们探讨，并且能协助他们做一些这样的计划和安排，他们的内心也能够得到很大的安定和抚慰。

死亡，一如初生，都是我们生命的里程碑；死亡，一如初生，也都需要他人的帮助和爱。愿我们，都有足够的勇气、爱和力量，去帮助到需要的人；也愿我们能在生命的尽头，同样被世界温暖相待。

第三篇

余生为爱

第 10 课

如何帮助孩子走出失去亲人的哀伤?

“我们穿经黑暗，是为了寻找光明。”

这节课，我们要讨论的话题是，如何帮助孩子处理哀伤?

孩子的成长历程中，难免会经历重要亲人的离世。特别是与孩子关系密切的抚养者，他们的突然离世往往会对孩子的心理造成较强烈的冲击，产生持久的哀伤和其他情绪困扰。

曾经，在我所任教的国际学校里就发生过这样一件事。一位7岁的小学二年级孩子，周末全家出游的时候，孩子的抚养者姥姥突然猝死于途中。当时两个孩子都在车上，就坐在姥姥身边。事后，孩子们只知道姥姥被送进了医院，就再也没有出来过。妈妈不想孩子们伤心，就告诉孩子们，姥姥永远地睡着了，再也醒不过来了。但这个说法引发了孩子们的恐慌。两个孩子从此晚上不敢睡觉，也不肯让父母睡觉。他们害怕自己或者父母会永远地睡着，再也醒不过来。父母百般安慰，效果都不明显。即使孩子们睡着了，晚上也噩梦连连，总梦见自己和更多的亲人死去了。白天在学校，孩子的情绪也明显低落，一直处于哀伤的情绪之中，动不动就会哭泣。

这种情况的确让家长朋友们很困扰。一方面，不想把残酷的事实呈现给孩子，怕孩子太伤心；另一方面，正如我们前文中所说，孩子对许多事情的理解和成人是不同的。我们把死亡隐晦的比喻成“永远地睡着了”，可在孩子看来，却把死亡和睡觉联系在了一起，对睡觉产生了恐惧。

所以，在这样的情况下，最好的方式是与孩子直接讨论死亡，而不要用间接隐晦的比喻，以免孩子产生误解。因为，我们真的不知道，孩子的内心世界里，会对我们的比喻做出怎样独特的诠释。

通常来说，孩子的哀伤情绪里主要包括三方面的内容：一是，担心死者可能会遭受痛苦。二是，我安不安全？我会不会也死掉？三是，我是不是永远失去她了？（她指的是死者）

基于这三点，我们可以与孩子做以下的沟通：

第一，针对孩子对于死者的关心，我们可以与孩子一起就死亡本身先做出探讨。

比如，我们在上一节课里提到的，对于死亡的种种解释：科学上如何解释？宗教里如何解释？民间传说里如何解释？让孩子去思考和选择，并允许孩子根据这些提出自己独特的理解。对于孩子的看法，即便家长不赞成，也不要急于否定。因为我们人类对于死亡的理解是一个循序渐进的过程，而不是一步到位的。孩子只能根据他自身的知识结构和理解能力，实现一定程度或者某些层面上的理解。我们不要着急，可以允许孩子慢慢来。

如果有必要，还可以涉及我们在第 1 课当中提到的关于死亡过程的探讨，让孩子知道死者并没有遭受痛苦。同时，还可以与孩子分享一些民间风俗，比如在很多地方，将葬礼称作白喜事，类似于结婚这样的红喜事，是要敲锣打鼓，摆台唱戏来庆祝的，寓意为恭贺死者摆脱世间的痛苦，驾鹤西游往生极乐世界。如此，帮助孩子减轻对死者处境的担忧。

第二，也是最重要的一点，就是帮助孩子恢复安全感。

刚刚经历了重要亲人的死亡，孩子会感到非常不安全。他们会担忧，自己会不会死去，以及其他重要亲人会不会死去。这种担忧让他们日夜难安，犹如惊弓之鸟。

如何帮助孩子恢复安全感？

一方面，我们可以与孩子讨论关于生命和死亡的自然规律及现状。比如：从生物学角度看，人的最长自然寿命是 100 多岁。但随着医学和科技的大幅进步，21 世纪的死亡率已大大低于上个世纪。世界范围内，百岁以上的老人越来越多。而在未来，科技还会持续发展，人的寿命还会被延长，医学治愈疾病和抢救意外事故的能力稳步提升，死亡率还会进一步降低。由此看来，我们的生命安全会越来越有保障。帮助孩子树立对生命安全的信心。

另一方面，我们可以与孩子探讨如何预防意外。比如在家中常备急救药品，帮助孩子学习紧急状况下的急救和自救知识，带孩子参加模拟灾难的安全演习，让孩子明白，即使在意外状况下，自己还是有一定的办法保护自己和家人的。以此帮助孩子恢复部分的安全感和控制感。

第三，帮助孩子寄托和表达哀思。

如前文中我们提到的，可以在家中与孩子共同分享对死者的回忆，分担思念，共同缅怀。不要刻意去压抑，或者树立某种禁忌，让孩子可以自然打开心扉，让内心的哀伤流露和表达出来，并且得到接纳和安慰。这对于孩子而言，就是最好的心理支持。

除此之外，还可以利用一些民间习俗和仪式，寄托对死者的爱和怀念。比如，清明节扫墓或者中元节的祭祀，都是可以帮助孩子处理哀伤的非常好的仪式。

还有，可以鼓励孩子保留逝者的遗物，以及通过写信、绘画等艺术表达方式向逝者表达思念，借此保持与逝者的心理“链接”，让孩子继续得到逝者作为精神偶像的陪伴与心理支持。

以上，就是本次课程我们要讨论的全部内容。关于哀伤的缓解和消退，是一件需要漫长时间来完成的事情。无论成人还是孩子都是如此。因为，爱是我们生命中最珍贵、最难以割舍的东西，所以，告别才会如此绵长和不舍。我们只能尽力，去做一个圆满的告别，去安抚一地破碎的深情。至于这个伤口何时才能愈合，我们也只能寄希望于漫长的时间长河里。

第 11 课

如何安慰痛失至亲的人？

在我的咨询生涯中，常常深刻地感触到，哀伤是一个和死亡一样痛苦的话题。

这种痛苦在于它只能被陪伴，无法被分担。我的一位来访者告诉我，“大家都叫我节哀顺变。我特别讨厌这句话，它的意思好像在说：‘快把眼泪擦干，快坚强起来，别再让我们担心你了。’”她说：“我突然明白了，世界上根本没有感同身受这回事。没有身受，哪来的感同？”

是的，这种感受，我自己也曾深有体会。还记得在奶奶去世的葬礼上，我和家人听到最多的安慰是："节哀顺变，要保重身体啊。"还有人宽慰我们："奶奶已经活到 86 岁了，寿终正寝，多有福分？这辈子也算值了，够了。"但，只有我们自己知道，不够，86 岁怎么够？她是我们最爱的奶奶呀，活到 186 岁都不够。然而，面对这些安慰，我们只能去领受其中的关心和爱，在人前擦干眼泪，假装坚强，在人后久久低回。

其实，哀伤者所需要的心理支持，不是"节哀顺变"，而是允许、接纳与陪伴。允许他们不"节哀"，允许他们保持与逝者的"链接"，并且陪伴和接纳他们在一段时间内，留在原地，不要催促或者逼迫他们快点走出来。

那么，在这样的情况下，当我们的亲友痛失至亲的时候，我们该怎么做才能真正帮到他们？

我想，我们能够做的第一点，不是劝慰他们节哀，而是**帮助他们去建立与逝者的"链接"。**

丧失是一件残酷的事情。你对这个人的爱和依恋都还在，可是他却不在了。这种别无选择的分离，这种被剥夺感，让人尤其难以接受。

记得多年前，曾看到过一则社会新闻。男子在妻子去世后，不愿将妻子安葬。长达两个月的时间，一直放在家中的床上，盖着被子，坚信妻子只是睡着了。晚上仍与妻子同床共寝。直到被邻居发现报警。当时看到这则新闻的时候觉得很恐怖，觉得男子是心理变态。然而，在多年的咨询生涯以后，仔细想来，这位男子也只是一个不愿意接受哀伤和分离的伤心人而已。

就像我的另一位来访者，在失去女儿后，突发应激性的认知障碍。她突然遗忘了女儿已经去世的事实，依然每日打扫女儿的房间，整理女儿的物品，告诉所有人，女儿放暑假就会回来。任何人只要稍微提起女儿去世的事，就会遭到她激烈地斥责和反驳。

原来，我们是那么难以接纳，与逝者失去“链接”这件事。换句话说，每一位失去亲人的人，都在内心以极其绝望的方式与逝者寻求着情感链接。为什么说，是“极其绝望的方式”？因为，其实他们自己都知道，这所谓的“链接”只是一种想象，不是真的。可他们的内心多么渴望，这是真的。他们甚至害怕这种想象被揭穿，所以会不断向周围的人倾诉，向周围的人寻求支持自己想象的证据。

我的一位来访者告诉我，她 5 岁的儿子去世后，家中发生了一系列灵异的事。比如：她上楼的时候，楼道里的灯光会突然开始闪烁。她就叫着孩子的名字，说："是你吗？天天，是你在跟妈妈说话吗？要是的话，你再给妈妈闪一下。"这时楼道里的灯，又闪了一下。她当时就泪流满面了。她告诉我，这是天天在另一个世界向她发来的信号，代表着天天想妈妈了。还有一次，她在厨房里做菜，刚炖上孩子爱吃的排骨，这时突然传来了敲击墙壁的咚咚声。她赶紧问道："是你吗？天天，是你想吃妈妈炖的排骨了吗？"这时咚咚声又敲响了两下。她又一次的泪流满面。她对我说："唐老师，我觉得天天没有离开我，他就在我身边，他每天都在用各种方式跟我说话，我每天都能感受到他。别人都说这些是巧合。但我知道，不是的。它们真的是天天在跟我说话。"

我想，对于失去亲人的人而言，事实的真相不是最重要的，重要的是，他们能够得到一丝温暖和安慰。在痛失所爱后，依然能够从逝者身上寻求到支持自己的力量。所以，我们不要去拆穿他们的幻想，要帮助他们保有这一点微薄的希望。去倾听他们，鼓励他们倾诉，帮助他们体会和回味与逝者的这种微妙的"链接"。让他们觉得自己并不孤独，逝者仍在精神上陪伴着自己。

除此以外，我们还可以把这种"链接"做更积极的延伸。利用逝者对他们的爱和期望，鼓励他们更勇敢和积极地生活下去。

比如，在一次咨询中，我问我的来访者，“如果女儿知道，你今天来做心理咨询了，她会怎么想？她会对你说些什么？”她11岁的女儿在三个月前因车祸刚刚去世，她一度陷入深深的抑郁情绪无法自拔。她想了想，说：“女儿会高兴吧。以前她在世的时候总说，我的妈妈是最漂亮的妈妈，全班同学的妈妈都比不上。我的妈妈笑起来的时候最最漂亮。”说到这的时候，她的脸上露出了淡淡的笑，她说：“女儿一定希望看到妈妈再笑起来吧。她是那么懂事的一个孩子，那么爱我。”

我的另一位来访者，失去了心爱的伴侣，三年来一直独身一人。家人怕她这样下去耽误了终身，于是为她张罗着相亲。她心里也认同家人的考量，觉得自己应该再找一位伴侣继续往后的人生。但却始终放不下与爱人的点滴过往。在咨询中，我问她：“如果你丈夫知道，你为了他而不愿走进下一段关系，独自一人孤独的生活。他会怎么想？他会对你说些什么？”她想了想，说：“其实，昨晚在梦里，他就跟我说了。他希望我好好的，能找一个人照顾我陪着我，他在那边也就放心了。他不想我一个人孤零零的。我也会努力，再找一个对我好的人，好好过日子。不让他担心我。”

所以，当我们感觉到，自己身上承载着逝者的期望，感觉到逝者与我们的爱与情感“链接”，我们便会更有勇气、更积极，为了逝者的爱和期望而努力生活下去。

与此同时，生者对“链接”的寻求还常常体现在——抱有与死者“重聚”的幻想。

我前文中提到过的这位失去女儿的失独妈妈，她一直幻想着，以另一种方式再跟女儿重聚。为此，她斋戒了 7 天，一步一叩首，虔诚地去到一座有名的庙宇，在神佛面前祈祷，求佛祖让自己再怀一个孩子，让女儿再次投胎来做自己的孩子。后来她真的又生了一个孩子。她告诉我说：“唐老师，太神奇了。你不知道这个孩子长得跟俏俏有多像。连耳朵背后有一颗痣，位置都长得一模一样。我觉得她就是俏俏。我常常在没有旁人的时候，忍不住偷偷问孩子。是你吗，俏俏？是你又投胎来做妈妈的孩子了吗？这一次妈妈一定好好地照顾你，保护你。咱们要做一辈子的母子。”

还有，我前文中曾提到的失去伴侣的那位来访者，后来她决定去相亲。她告诉我说，在见到这位相亲对象的时候，差一点泪流满面。她说：“唐老师，说来您或许不信，但我觉得那不是别人，那就是我爱人，是他又回来找我了。虽然样子不同，但那个人的眼神、说话的语气，还有他吃饭的时候也用左手拿筷子，这些都和我爱人一模一样。那种感觉太熟悉了。虽然明知不可能，但，我觉得那就是我的爱人，他只是换了一副模样，他又回来找我了。”

是的，当我们日夜思念着一个人，我们会看谁都像他，看什么都能想起他，我们会觉得，茫茫人海中处处都有他的影子。虽然生死两茫茫，我们都知道真正的重逢是不可能的事。但，我们仍忍不住期待一种超乎自然的神力降临，把逝者再度带回到我们身边。这虽是一种幻想，却充满了温暖和安慰。所以，对处于失去亲人的哀伤中的人而言，我们不要把他们对于重聚的幻想当作一种“不正常”，或者以为，他们疯了。他们只是需要一种精神的寄托，去保持与死者的情感“链接”。据我的临床观察，他们当中的绝大部分其实是有自知力的。也就是说，他们其实能够察觉到这些是自己的幻想，只是暂时不愿从幻想的温暖和安慰中跳脱出来，面对冰冷的现实。

如果说，这种幻想能让他们好受一点，为什么我们不能允许和支持呢？如果说有什么是我们真的可以为他们做的，那就是，不要冒昧地去打扰和拆穿这种幻想。要知道，时间是良药，它会逐渐把真相还给每一个人。

以上我们讨论的是，帮助哀伤者维护与逝者的“链接”。那么除了这一点以外，我们还能为哀伤者做些什么？

其实，我们能够给予哀伤者最重要的支持，是**陪伴、倾听与温暖的怀抱。**

如果你有过陪伴哀伤者的经历，你会留意到，他们特别需要倾诉。倾诉的内容是什么呢？大概有四点：向逝者道爱、道谢、道别、道歉。追忆逝者生前的点点滴滴，回忆逝者与自己的爱和情感，对逝者的感恩，以及对别离的不舍。这其中，最重要的一点，是所谓的“道歉”。哀伤者常常反复表达自己的懊悔和内疚：“我当时要是怎样，他就不会死了，都怪我，我怎么就没想到呢？”

对于逝者的内疚感，是折磨生者的最重要因素。

我的来访者，手捂着胸口，悲恸地对我说：“唐老师，每每想到这里，我的心就疼得像刀绞一样。当初是我做的决定，让孩子来北京接受手术治疗。孩子是不愿意的，他不想来，是我哄着他来的。我当初怎么就那么坚决，我怎么就不肯听孩子的呢？如果我听了他的，如果我们没有来，孩子现在还活得好好的。这都怪我，是我的错，是我害了孩子啊！”

还有另一个故事也让我深深触动。我的同事告诉我，汶川地震的那一年，他带领危机干预心理咨询师救援队伍，去到了灾区一线。当时接待他们的是当地教育局的局长。局长的全家，十几口人全部在灾难中丧生。他们在汶川工作期间，局长一直很沉默，只有一两次，似乎不经意地说："那天我就不该在外面，要是在家，至少可以救得两个娃儿。就算救不了，也可以和他们一起死。都是我的错，我对不起他们。"两周以后，心理救援队任务结束返京，飞机刚刚着陆首都机场，便接到电话，说局长送走他们后，便在住处自缢身亡。闻讯，整个心理救援队如受重创。队员们都陷入深深的自责中。都在责怪自己，为什么没有及时察觉局长的异常。如果自己当初做点儿什么，或许局长就不会死。

内疚感是哀伤者心中最难以逾越的痛处。而恰恰是这一点，也是我们需要反复去倾听，以及宽慰哀伤者的工作要点。

首先，倾诉是个非常重要的心理自愈过程。人们对于自身的创伤事件，需要用反复倾诉的方式来实现心理上的自我修通和疗愈。

记得小时候学过一篇课文，鲁迅先生的《祝福》。文中有一个人物叫作祥林嫂，她的孩子阿毛被狼叼走吃掉了。之后，祥林嫂在数年的时间之中，逢人便说："我真傻，真的。我单知道下雪的时候野兽在山坳里没有食吃，会到村里来；我不知道春天也会有。我一清早起来就开了门，拿小篮盛了一篮豆，叫我们的阿毛坐在门槛上剥豆去。"

当时在学这篇课文的时候，我很疑惑。不知道祥林嫂为什么要反反复复地这么说？后来学了心理学才明白，原来，**倾诉是帮助我们内心消化负面情绪的一种重要方法**。相信你也有过这样的体验，对于引起我们强烈情绪的事件，我们会想要对别人倾诉。也许跟第 1 个人说的时候，我们情绪会非常激动。我们可能会说上两三个小时。然后我们跟第 2 个人说、跟第 3 个人说、跟第 4 个人说，你会发现，我们每次说的时间越来越短。当我们说到第 8、第 9 个人的时候，你会发现你根本说不了两三个小时，这件事你可能 10 分钟，甚至 5 分钟就说完了。而你的情绪已经没有当时那么激动了。这是为什么呢？因为在诉说的过程当中，你的内心已经渐渐地消化了这个创伤事件所带给你的情绪和影响。

那么，对于创伤事件，我们需要倾诉多少遍才能够化解它对于我们内心的负面影响呢？这，其实并没有一个标准的答案。我们只能说，创伤事件越严重，我们需要倾诉的次数就越多，我们内心消化这个负面影响的过程就越长。所以，对于祥林嫂而言，失去孩子的创伤太过于强烈，她需要好多年的不断倾诉，来帮助自己的内心化解这个痛苦。

因此，对于哀伤者而言，有人耐心地陪伴和倾听自己的倾诉，倾听他们向逝者的道爱、道谢、道歉、道别，就是对于他们而言，最大的安慰和帮助。

除此以外，我们还可以帮助哀伤者，去缓解对于死者的内疚感。几乎绝大多数哀伤者都认为，如果自己当时做了些什么，死者就不会死。或者说，自己对于死者的死亡是有着一定责任的。在这一点上，我们需要给予哀伤者反复的宽慰以及心理支持。

我们可能需要反复向哀伤者解释："这不是你的错。我们每个人都没有通晓过去、预知未来的能力。你并不知道会发生这样的结局，你也无力阻止它发生。这不怪你。"

每次说到这里的时候，哀伤者就会问我："那到底怪谁？我还可以怪谁？"是的，我们总想给死者的离去做一个解释。似乎只有得到了一个合理的解释，我们才能安心接纳逝者的离去。

如果他的死怪不了谁，那么，我们就怪"宿命"好不好？我发现，当我的来访者们，在死亡的归因上，开始归咎于"宿命"

的时候，会渐渐平静和释然下来，也越发得到开解和安慰。因此，这也是在哀伤心理支持领域的一项技术。

于是，接下来，我们可以鼓励他们，去回味在逝者的死亡过程当中许多宿命般的细节，这对宽慰他们的内疚感，有着极大的帮助。

我的一位来访者回忆父亲去世的当天："老人家那天起得特别早，天不亮就起来了。非要出去晨练，我们谁都拦不住。平时他都会穿戴荧光绿条纹的那件运动服，天黑的时候辨识度高，可是那一天，他偏偏就不肯穿那一件。坚持要穿黑色的外套。出门的时候，平时他都走北门，可那一天他偏偏走了南门。南门按理说平时也没什么车，可偏偏那天凌晨 5:00 就来了这么一辆车。车速还快，根本没看见他，就撞上了。我就在想，这么多的巧合，这么多的反常，怎么全都发生在了那天早上？太巧了，真的太巧了。这不是宿命是什么？"

"那样的环环相扣，那样的巧合，就像命中注定一般……"当来访者们，用这样的方式归因了逝者的死亡后，我发现，他们的情绪得到了极大平复，内心的创伤也得到了极大安慰。

正如我们在第 2 课"死后的世界"中探讨过的，对于哀伤者而言，有些事情的客观性不是最重要的，重要的是，他们能够得到一丝温暖和安慰，让伤痛得以抚慰和平复，这才是他们所需要的心理安慰和支持。

以上就是我们本章课程讨论的全部内容：如何安慰失去亲人的人？简要总结一下，大概分两个部分：一是，帮助哀伤者与逝者建立与保持情感的“链接”；二是，给予哀伤者陪伴、倾听与温暖的怀抱，让他们得以在倾诉中，向逝者道歉、道爱、道谢、道别。

正如我的一位来访者所说：“当我哀伤时，我想听到的不是‘你要坚强要勇敢’，而是‘你想哭就哭吧，让我抱抱你’”。

哀伤，是我们每个人生命中必不可少的经历，只愿，当它来临时，我们都能被拥进一个温暖怀抱。

第 12 课

失去亲人后，如何帮助自己走出哀伤？

在我们每个人的生命历程中，都有过失去亲人的经历。根据逝者与我们情感连接的紧密程度，我们承受着不同的哀伤与痛苦。

我的一位来访者，多年来一直照顾着年迈的父亲。但父亲性格倔强，固守老宅，不愿意搬去与子女同住。没办法，她与几位兄弟姐妹只能轮流排班，去父亲家中照料父亲。有一次，她与先生暑假带孩子出去旅游，不得不离开几天。恰逢另几位兄弟姐妹工作繁忙，无暇来看望老人。结果，她旅行回来发现，父亲因意外摔伤头部，导致颅内出血，已在家中去世多日。我的这位来访者哀痛不已，不断地自责，也无法原谅其他兄弟姐妹的失职，许多年过去了都难以平复。

我的另一位来访者是一个失独父亲。他 13 岁的女儿因为车祸意外离世，当天开车的人是他，女儿坐在副驾上没有系安全带。每每提起女儿，他都悲痛欲绝："我想知道，她有什么话想要对我说？我想知道她怪不怪我。都是我的错，是我害了她。"

是的，失去至亲至爱的人，是我们心中永远的痛。我们能做的，不是去磨灭关于他们的记忆，而是让这种痛稍微减轻一点，让自己渐渐平复下来，让生活可以继续下去。毕竟，还有那么多爱我们、牵挂我们的人，为此，我们要努力地照顾好自己。

那么，失去亲人后，怎样做才能帮助我们缓解哀伤呢？以下五点我们可以参考：

❶ 一个美好的葬礼，对于安抚哀伤意义重大

自古以来，葬礼都是我们人类处理哀伤的重要形式。在葬礼上，我们聚集所有的亲友，共同缅怀逝者，彼此安慰悲痛，与

逝者做最后的情感沟通，向逝者道爱、道谢、道歉、道别。

从某个角度而言，葬礼对于生者的意义，甚至大过于对死者的意义。

上边我提到的那位失去女儿的父亲，给女儿办了一个像婚礼一样的葬礼。整个礼堂用粉红色和白色的鲜花和气球装饰，女儿穿着粉红色的纱裙躺在中间。父亲说，粉红色是女儿最喜欢的颜色。这一生，他没有机会看到女儿的婚礼了，所以，要给她一个最美的葬礼。她是个爱美的孩子，即使去了那边也要美美的。她会知道，她永远是爸爸的公主，爸爸永远爱她。

还有，之前那位父亲去世的来访者。她收集了父亲生前的照片和视频，请专业的制作团队配上音乐做成影片，在父亲的葬礼上播放。还将父亲生前的书法和绘画作品，收集整理成册，印刷了上百份，送给前来参加追悼会的亲友。此外，还请来父亲的好友，为他写上挽联和墓志铭。她说，父亲是老牌知识分子，一生清高，唯有这样充满文化气息的葬礼，才配得上父亲的一生。

葬礼对于逝者的意义，无外乎一场告别。但对于生者的意义却丰富和深刻得多。一场美好的葬礼，它的寓意是："唯有这样深情的方式，才能表达我们对逝者的爱。当逝者感受到这份爱，才能无憾地告别这个世界。也只有知道逝者无憾，我们也才能安心地与他告别。”

一个精心的葬礼，对于缓解生者哀伤意义重大。相反，如果逝者不能得到很好的安葬，对于深爱着他的家人而言，会是一种极大的伤害。

❷ 寻求与逝者的“链接”

这一点我们曾经在第 11 课“如何安慰痛失至亲的人？”当中提到过。面对亲人的离世，我们在情感上难以接受与他们的分离与割裂。于是需要一种情感上的“链接”，以某种想象的形式，在精神上与他们保持联系和沟通。如此，带给我们内心安慰、陪伴与支持。就好像逝者依然在内心陪伴着我们，我们需要用一段漫长的时间，一点一点，走出哀伤。

与逝者保持“链接”的方式有很多。

我的一位来访者告诉我，他通过保留遗物的方式与过世的孩子保持“链接”。他留着孩子生前睡过的枕巾，穿过的衣服，舍不得洗掉。他说上面还留着孩子的头发丝和他皮肤的味道，每次想念孩子的时候，就抱着这些遗物闻一闻，就好像孩子还在身边。他会轻轻地，跟这些遗物对话，就好像在跟孩子说话一样。

我的另一位来访者告诉我，自从伴侣去世后，他就随身带着她的照片。吃饭的时候放在桌上，旁边摆上她的碗筷，边吃饭边跟她聊天。去公园散步也带着她，把照片放在长椅上，让她陪自己晒太阳。有时还会给她的微信发信息，偶尔也会用她的手机给自己发信息。他说，这样常常会让他感觉，伴侣还陪伴着自己，不曾真正地离开。

与逝者保持情感上的“链接”，可以帮助我们缓解孤独和哀伤。我们还可以在内心与逝者交谈，问问他，我们现在的状态，令他开心吗、满意吗？他希望我们怎么做、怎样生活，希望我们用怎样的精神状态过余生？

17 岁的女孩程程刚上大学，突发癌症去世。程程的妈妈在她去世一周年的纪念日，专门化了妆穿了礼服，召集了一个全家人聚会。在聚会上，她说：“程程去世后，我万念俱灰，一度也想随她而去。但有一天，看着她照片的时候，我好像突然听见她说话。她说，‘妈妈，你要振作起来，好好幸福地生活下去，我不想要你哭，我想看见你开心。’”程程妈妈说：“从那一天起，我就决定了。我要好好地活，比以前更努力 100 倍地活。

这样，等以后我走了，去到了那个世界，见到了程程，我就可以坦然地对她说：‘程程，妈妈尽到努力了，妈妈做得好吗？你满意吗？’”

是的，很多时候，别人的安慰没有用，只有逝者的期待和心愿可以让我们重新振作起来；只有逝者的爱，能激励我们更加努力更加积极地去生活。

❸ 倾诉与寻求陪伴，是缓解哀伤的最重要方式

我们常常以为，葬礼是哀伤的终结。葬礼过后，大家都该擦干眼泪继续自己的生活，节哀顺变。然而，对于逝者的家人而言，葬礼结束才是孤独与哀伤的真正开始。在葬礼期间，大家还能聚在一起，相互安慰、相互倾诉、相互开导。而葬礼结束后，只剩下无边无际的孤独与思念，由我们自己默默承受。

有时候，我们不太敢倾诉，因为觉得对别人倾诉很难。这种倾诉像是打扰，把悲伤的情绪带给别人，还要对方反复安慰自己，会给他人增加麻烦。而且，总向别人倾诉，也会干扰对方的正常生活，久而久之，别人会觉得我们一身负能量、纠缠不清，想要远离。

还有的时候，我们在家中也不敢提起哀伤。逝者的离开似乎成为家中的一种禁忌。家庭成员们出于对彼此的保护，怕彼此再想起来伤心，于是默契地压抑了自己的感受，装作好像遗忘了一样，完全不再提起。有时，当孩子无意提起，也会被大人们迅速压制下去，似乎害怕这种哀伤在家人中间再次蔓延。

其实，这种压抑才是对我们最大的伤害。倾诉是缓解哀伤重要的方式。我们人类需要通过反复倾诉，才能消化内心的种种矛盾、创伤和冲突。这一点我们曾在第 11 课“如何安慰痛失至亲的人？”当中详细解释过。对于引起我们强烈情绪的事件，我们会想要对别人倾诉。也许跟第 1 个人说的时候，我们情绪会非常激动。我们可能会说上两三个小时。然后我们跟第 2 个人说、跟第 3 个人说、跟第 4 个人说，你会发现，我们每次说的时间越来越短。当我们说到第 8、第 9 个人的时候，你会发现你根本受不了两三个小时，这件事你可能 10 分钟，甚至 5 分钟就说完了。而你的情绪已经没有当时那么激动了。这是为什么呢？因为在诉说的过程当中，你的内心已经渐渐地消化了这个创伤事件所带给你的情绪和影响。对于失去亲人这样严重的创伤事件，我们更是需要多次的反复倾诉，才能慢慢消化和减轻这种创伤带给我们的伤害和影响。

所以，我们真的需要鼓起勇气走出家门，多去与亲友相聚。不要把哀伤当作一种禁忌，在人前不敢提及。因为在亲友们之中，这种哀伤是大家共同的伤口，大家都需要处理。我们可以尝试勇敢地诉说自己的哀伤与思念，寻找到愿意陪伴与安慰我们的人，跟我们一起共同缅怀逝者，帮助我们分担思念与感伤，帮助我们完成对于逝者的告别。

除此以外，如果有条件的话，我们还可以寻求社会支持团体的帮助。比如，有一些心理机构在组织哀伤辅导团体，帮助有相似哀伤的人围聚在一起，相互取暖，相互安慰，相互倾诉，相互扶持。甚至延伸到生活当中，团体的成员在咨询结束后，也成为非常好的朋友。

④ 走出内疚，放过自己

这一点我们也曾在第 11 课“如何安慰痛失至亲的人？”当中详细解释过。几乎每一位哀伤的来访者，都会向我说起自己的愧疚感。总觉得自己当初如果做一点什么，或许逝者就不会死。有的甚至觉得，逝者的死是自己造成的。

但，其实我们忘记了，我们每个人都没有通晓过去、预知未来的能力。你并不知道会发生这样的结局，因此，你也无力阻止它发生。整件事情的发生，回想起来，往往是那么意外，那么突然，而细细回味，却会惊觉，它是那样必然。

有很多来访者跟我提起这所谓的“必然”，他们说，那种感觉就好像冥冥之中，有一种力量在为之安排。

三岁女孩欢欢，趁奶奶外出买菜期间爬上窗台，不慎从 6 层失足跌落离世。在咨询室里，欢欢的妈妈告诉我，平时欢欢的午睡时间都是从下午 2:00 到 4:30，三年来一直如此，很有规律。每天奶奶都是趁她睡熟后出去买菜，在她醒来之前回家，从没出过问题。孩子也很乖巧听话，很少吵闹。

但，欢欢出事的当天，一切却都很反常。上午上班之前，欢欢就闹得厉害，不让爸爸妈妈出门。白天也哭闹不断，平时喜欢的零食都哄不住她。奶奶担心孩子身体不舒服，给爸爸打电话。爸爸答应下午接孩子去医院看看。午睡的时候孩子也很闹，平时都是下午 2:00 就睡了，那一天闹到下午 3:00 才睡着。之后，奶奶给爸爸打了电话，确认爸爸已经到小区门口了，自己才出门买菜。谁想，爸爸在小区门口突然遇到堵车，时间就耽误了下来，而奶奶刚出门 10 分钟，惨剧就发生了。

欢欢妈妈说，细细想来，那一天的每一个细节，都像是命中注定。平日里自己工作不忙，上午常常不需要去单位坐班。可碰巧那一天有个重要的会，上午非去不可。爸爸赶来带孩子看病，车都开到小区门口了，突然前车熄火无法发动，硬生生被堵在路中间。奶奶想着，爸爸两分钟就上楼了，也没有多等就出门了。一切都是那样凑巧，就好像事先安排好的一样分毫不差，事后回想起来，简直天衣无缝、无懈可击。

有时候，如果我们愿意去看到这些偶然背后的必然，去看到这些所谓宿命的安排，也许就能够放过自己，去接纳事情本来的样子。毕竟，在生死面前我们的力量太渺小，我们真的无法预见和改变任何事，只有去顺应它，开解它，让时间慢慢抚平我们的伤痛。

❺ 寻求心理能量的转移

如果一直把注意力固着在哀伤这件事上，我们就一直难以走出哀伤。所以，我们需要寻求心理能量的转移，以此帮助我们把生活的重心从哀伤转回到现实世界中。

那么，如何实现心理能量的转移呢？根据我的临床观察，有两个办法被使用的比较多，并且效果也比较好。

第一个办法，是找到对于逝者的情感代偿。注意，我们在这里说的不是代替，而是代偿。因为逝者是我们深爱的人，我们对他的爱是独一无二的，无人可以代替。所以我们只能去寻找一个人，来代偿我们对他的情感。

比如，我们常常听说，失去孩子的父母，后来又要了一个孩子。有的不具备生育条件的夫妻会选择领养孩子，或者养宠物。有的失去父母的孩子，会去认一个干爹或者干妈……这些，其实都是我们在情感上的一种代偿，把对于逝者的爱迁移或延续到他人，甚至宠物的身上。这种情感的代偿，对于哀伤的缓解非常有效，并且可以真实地为我们提供现实层面的情感支持，帮助我们更好地重回到现实生活中来。

第二个办法是，去延续死者的意义感。简单来说，就是去满足逝者的心愿，在他死后，去做他认可的、觉得有意义的事，把他生前的意义感继续延续下去。

前段时间我看过一则社会新闻。41 岁的浙江女医生突发疾病去世，家属决定捐献她的器官。她的父亲说，我女儿是一个医生，她一辈子都在救人。我相信，如果捐献器官能够救到更多的人，这一定也是她的心愿。作为父亲，能够成全她的心愿，也算是为她做一点事。

此外，我曾经有一位来访者是乳腺癌患者，她在患病后加入了一个病友互助公益组织，作为爱心志愿者无私地帮助其他病友，在微博上经常发布乳腺癌治疗方面的知识，得到数万网友的关注。后来，在她去世后，家人接管了她的微博账号，丈夫与两个女儿一起，继续以她的名义做公益，为患者们提供优质的科普内容。他们说要用这种方式，让她的生命在病友们心中延续下去。

这种意义的延续，不但能够帮助我们摆脱哀伤，还能带给我们巨大的价值感和意义感，并且在心灵深处，也会与逝者产生更深刻的理解和连接。

那么，除了以上两个办法以外，我们还可以参考第 2 课“死后的世界”中的内容，对于逝者在另一个世界的生活做出构想，并且可以通过写信、绘画、做手工艺品或者音乐等形式，去找到一种对于逝者毕生缅怀的仪式。我们还可以在清明节、中元节等传统祭祀的节日，把这些信件和艺术作品祭奠给逝者，以此寄托我们的哀思。

最后，我们不得不承认，对于哀伤这种情感，我们人类真的没有办法快速地从其中走出来。但，时间是良药，我们唯有一边努力一边等待，希望在漫长的时间长河里，我们的哀痛终能渐渐褪淡、渐渐平复。

第四篇

直视骄阳

第 13 课

我有了自杀想法，如何自救？

对于“自杀想法”这个话题的探讨，几乎贯穿于我整个心理咨询师的职业生涯。

十年前，我还是一位实习心理咨询师，曾在自杀干预热线做过一年的心理志愿者，其间接到过 16 个“自杀求救”电话。听起来似乎令人难以理解，他们不是想自杀吗，为什么又打来电话求救呢？是的，那是因为，他们其实不想死。他们只是被生活的困境逼到了心理极度耗竭的边缘，不得已，想到用死来解决问题。与此同时，自己却很明白，死无法解决问题，只能解决自己。这 16 个想要自杀的求救者，在电话那头跟我哭着倾诉自己的故事，他们那么委屈、那么孤单、那么努力又那么失望，那一刻我明白了，他们不是真心想死，而是想要真心——想要被真诚地倾听与理解，想要被爱、被接纳、被支持。

后来的职业生涯中，我又听到了许许多多的来访者提起自杀想法。也许生活真的太艰难，才会让我们有那么多个瞬间想要放弃。不过，所幸每当这样的时刻，我们又会记起那些生命中的爱和温暖，又一次给我们勇气和力量，让我们爬起来，坚持下去。

“我有了自杀想法怎么办？我该怎样救自己？”如果此刻你正在这个旋涡中挣扎，我给你的第一个建议是——立刻寻求心理咨询和治疗。但，如果条件不允许，或者，你暂时还没有勇气寻求心理帮助，那，让我先来陪陪你。我们一起来聊聊以下话题，或许会对你有一些帮助。

当你看到这些文字的时候。我知道你一定处于人生中的特殊时期，一个特别艰难的阶段。对于自杀的想法，不管你是已经拿定了主意，还是心有犹豫、惶恐不安、自己也被这个想法吓到，没关系，让我们先静下心来，仔细想一想，再做决定。

★首先，我要问你几个问题：

你有这个想法多久了？

最近一次有这个想法是因为什么事？

这件事对你而言意味着什么？

你所以为的一定是真的吗？有没有一种可能性，事情还有一线转机，只是你还没有看到这种可能？这一线转机可能是什么？仔细地想一想。

以前你是否也有过自杀的念头？

当时是什么留住了你，让你舍不得，所以你没有实施？仔细回忆，当时你是怎么想的，那一份“舍不得”是什么？把它写下来，把你想对它说的话也写下来，在这些话的后面再重复写三遍“舍不得，舍不得，舍不得！”

舍不得，舍不得，舍不得！

你想通过自杀去解决什么问题？你想把问题解决成什么样子？

自杀真的可以实现你想要的吗？有没有可能，自杀也无法实现你想要的？有没有可能，也许其他方式比自杀更能实现你想要的？比如什么呢，写下来

____

____

____

____

____

____

★接下来，既然你在思考自杀这件事情，那我们不妨好好地回顾一下我们的前半生，仔仔细细地考虑清楚，再做决定。

在我过去的人生中，最让我觉得温暖、感激、不舍和爱着的5个人分别是？

1. ______________________________________

2. ______________________________________

3. ______________________________________

4. ______________________________________

5. ______________________________________

他们为我做过哪些事，让我至今回想起来都很感动？一一写

下来

1. ______

2. ______

3. ______

4. ______

5. ______

在他们眼里，我是一个怎样的人？

______

______

我有哪些感恩话想要分别对他们每个人说？一一写下来

1. ______

2. ______

3. ______

4. ______

5. ______

如果他们知道我的自杀想法，会对我说些什么？分别写下来

1. ______

2. ______

3. ______

4. ____________________

5. ____________________

在我过去的人生中，最让我温暖和感动的5件事分别是什么？当时我的感受又是什么？

1. ____________________

2. ____________________

3. ____________________

4. ____________________

5. ____________________

如果当时的自己，认识现在的我，会对现在的我说些什么？

____

____

____

这个世界上，我最爱、最留恋、最不舍的人是谁？

____

如果他/她知道我的自杀想法，他/她会有什么样的感受？

____

他/她是什么样的反应？

____

他/她会对我说些什么，或者会怎么做？

____

____

____

这个世界上最爱我的人是谁？

____

如果他/她知道我的自杀想法，他/她会有什么样的感受？

____

他/她是什么样的反应？

____

他/她会对我说些什么，或者会怎么做？

____

____

____

如果我现在活了下来，10年以后，我可能会成为谁？过着怎样的生活？

____

____

____

10年以后的我，回想起现在这段经历，可能会对现在的我说些什么？

____

____

____

想完这些以后，你可以在内心再问一问自己，那一件我想要为之而自杀的事情，它到底值不值得我牺牲生命中所有以上美好的东西？

______________________________________ 不值得！

回答完这些问题以后，你可能会感觉，自杀的冲动缓解了一些。但我仍然建议你，尽快寻求心理咨询和治疗，以及向周边的亲人朋友倾诉和求助，寻求心理支持。

自杀想法的背后，往往有着深切的心理根源以及困扰我们的心理创伤，需要通过专业心理咨询师的引领，遵循科学的心理治疗方法和严谨的疗程设置，才能帮助我们从潜意识层面修通和解决这些困扰和痛苦。如果有更深层次的心理问题甚至精神疾患，如抑郁症、双向情感障碍、精神分裂症等，则需要及时去精神科就诊，在专业医师的指导下，辅助药物治疗。而不是仅仅依靠以上几个问题的简单梳理，就能彻底解决自杀风险的。

在这一段最艰难的日子里，我了解，你的内心也还会有波澜和起伏。我希望你在每一次撑不下去的时候都可以鼓起勇气发起求助。可以是向周边的人说起，也可以拨打专业的 24 小时自杀救助热线，通过网络搜索就能很方便地找到热线号码。

也许，我不认识你，但我爱着你。我看见你身后有阴影，没关系，那是因为前边有阳光。再坚持一下下，再往前一点点，就能够到那阳光了。加油！让我抱抱你！

第 14 课

我获悉了重疾诊断，如何调适自己的心理？

从不幸罹患重疾到治疗的整个过程，毫无疑问是一个人甚至一个家庭，一生中最艰难的日子。我从 2011 年进入肿瘤心理康复领域至今已是第 10 个年头，这些年，在咨询中陪伴过的重疾患者已有上百位。有一个特别深的感触：心理调适，它虽然不是药物，但有时候，它真的比药物更能缓解痛苦，更能提高我们的生命质量。

在我的来访者当中，被提到次数最多的一个词，是孤独。那是一种非常独特的孤独感——即便身处关切的人群之中，即便在家人的关心与照顾之下，内心依旧孤绝寒冷，仿佛身处无边的黑暗，无论怎样呼喊，都没有人听得见，也没有人可以真正帮到自己。而这种孤独，是从我们获悉重疾诊断的那一天开始的，之后逐渐蔓延，持续整个病程。

那么，获悉重疾诊断，对于我们而言到底意味着什么？我们又该怎样进行心理调适，让自己的内心平复下来，以相对平缓的情绪状态进入后续的治疗阶段。在这一课里，就让我们来做一个细致的探讨。

我知道，最煎熬的一段时期，就是我们刚刚获悉诊断的那些天，我把这个时期称为“诊断期”。第一次拿到诊断报告的时候，你一定整个人都蒙了，难以相信这样的事情会发生在自己身上。你拿着检查结果去许多家医院复查，你希望听到不同的说法，希望第一次的诊断是误判，自己的状况其实没有那么糟。你会发现不同医院、不同医生的说法有着高度的一致性，而有的时候又会略微的不同……这是一个让你内心反复挣扎、焦虑和忐忑的过程，也是一个希望不断燃起又破灭的过程。

在此之前，你每天都正常地生活着，从未想过这件事会发生在自己身上。谁知，一纸诊断突然从天而降，就在这短短的几分钟之内，你就意识到，之后的人生可能彻底不同了。也许，之前你还想着要带家人去哪里旅行，要跟丈夫或妻子如何一起还房贷，怎么让孩子读到更好的学校，怎么去很好地照顾父母，给他们养老。但这一纸诊断让一切都不同了。此刻你考虑的是："这个疾病它有多严重？它可能引起什么样的后果？它需要怎样去治疗，用什么方案，需要多少花费？可能达到怎样的效果？最坏的可能性是怎样？治疗以后还会不会再复发？我还有没有可能再去工作？或者更糟的情况是，我还有多少时间陪家人……"

所以，诊断期对于患者而言往往是最漫长最黑暗的时期，也是最需要心理调适的时期。

我曾有一位胰腺癌患者，她来找我的时候刚刚确诊，整个人非常崩溃。她说："我这三天都没有睡觉，每一秒都在恐惧煎熬。我腹部的肿瘤也在这三天里疯长，第一天裤子还能扣上，第二天就得松一扣，第三天居然就扣不上了。太可怕了！"

还有另一位乳腺癌的患者，在获悉诊断后，她因为承受不了这种心理上恐惧，便去跳了河。她的家人很不理解：她不是恐惧死吗，为什么又会去死呢？

是的，只有经历过的人才能理解，那种强大的恐惧，它根本不存在于当下，而存在于我们自己想象中的未来，它存在于这件事情的可能性：事情可能在什么时候就完全失控了；我可能在什么时候就去了；我可能以什么样的方式死去；那我的孩子怎么办，我的家人怎么办，我的父母怎么办？这些无穷无尽的可能性，成为我们自己的脑海中数不清的心理压力。

那么这个阶段该怎样进行自我心理调适呢？我们的工作重点是：把自己从想象当中的、指向未来的恐惧里，带回到当下，鼓励自己集中精力去应对当下的问题。这在心理学上有一个专有名词，叫作“控制感的恢复”（相应的内容，我们在第 9 课当中也有提到过）。

什么叫控制感？就是我们作为生活在社会中的人，都有一个基本的来自自身的安全感。我们觉得可以保护自己的安全，可以控制周边的一些事情，保护自己的家人，把生活安排得井井有条。只有拥有这种控制感，我们才会感觉到安全和安心。控制感的丧失会让一个人非常的焦虑和崩溃。比如说，在地震当中，因为地震是天灾，你不知道它什么时候会来，也不知道可以躲到哪里去，人们就会处于一种控制感丧失的状态。当年汶川地震的时候，灾区的工作人员们说，许多灾民听到手机在桌子上震动，就没命地往外跑，以为是余震又来了，简直风声鹤唳，这种焦虑感可想而知。

同样的，我们在刚刚获知疾病诊断的时候，面临的就是这样一种“控制感丧失”的状态：我不确定我的身体可能支撑我到什么程度，我不确定治疗将会给我带来什么，我不确定还有多少时间陪伴家人……一切都变得似乎不可控，于是，焦虑和恐慌就这样产生了。

那我们具体该怎么做心理调适呢？以下两点，可以很大程度上帮助我们恢复基本的控制感。

第一，去充分地学习和了解这个疾病，搞明白它到底是什么，到底怎么治，以及最好和最坏情况分别是什么。

我在咨询中与患者讨论的第一个话题就是：你是否真正清楚，你患的是什么病？你的情况到底在什么阶段、什么程度？医生怎么说，病友怎么说，你查到的资料怎么说，你的恐惧到底符不符合实际的病情？

事实上，很多患者的焦虑和恐惧是不符合他实际病情的。比如，我曾接到过一位乳腺癌 1 期的患者，她哭得伤心欲绝，觉得自己马上就要骨转移了、要死了。她给女儿写遗书，给家人交代后事，甚至准备好了安眠药打算服药自杀。医生和家人的劝慰她全都听不进去。她以为是大家怕她伤心，一起编好话来骗她。后来在咨询中，我陪着她一起查资料，一起学习和了解关于乳腺癌的知识，又帮助她加入了病友群，在群里向其他的病友们请教，她这才发现，自己的病情根本没有那么重。当初种种的恐惧完全是因为自己不了解病情，才会有那么大的心理压力。

所以，不管我们真正的病情到底是什么，不管它在什么样的阶段和程度，我们都应该全面地去对它进行学习和了解，包括：该疾病的成因，医学常识，可能的治疗办法，可能的方案、时间、花费，预后效果，最好的结果和最坏的结果。这个对疾病深入学习和了解的过程，可以帮助我们从逃避和恐惧中，逐渐地接受和面对现实。减少自己原先对疾病的误解，也减少了误解所带来的恐慌。对于接下来的治疗以及即将面临的生活，有一个心理预期和铺垫；对于最后的结果，不论哪一种可能性，我们都能渐渐有一个心理准备。有时候，当我们知道最坏的结果可能是什么，心里反而踏实了，不乱想了。

人，其实最害怕的是未知的状态，那会带给我们无穷无尽的想象，而那些自己吓自己的想象，才是最可怕的。

第二，根据自己真实的病情，拟订一个关于生活与治疗的

计划。

在对疾病充分了解以后，我们对于接下来的治疗和即将面临的生活就有了一个大概的心理预期和思想准备。这个时候，我们就可以对接下来的一切做出选择和安排。

比如，我的那位胰腺癌患者，我们在充分学习和了解了关于胰腺癌这个疾病的背景资料以后，就开始做“控制感恢复”计划。

我问她：“基于你对胰腺癌的了解，你想做一个多长时间的生活计划？”

她说：“大概半年吧，我想，以我现在的阶段，至少再生存半年是没有问题的。”

然后，我们一致同意把这半年命名为她的“生命安全期”。接下来，我们就去安排这半年“生命安全期”的生活。

以下是她的半年生活计划表，供大家参考：

第一个月：做好准备工作——选定到底在哪个医院、跟随哪个医生治疗，选定治疗方案、安排好入院时间。安排好原有单位的工作交接，丈夫那边安排好休假来照顾她，家里找好阿姨照顾老人和孩子。

第二、三个月：精力主要放治疗上——认真遵循医嘱住院治疗及用药。对于药物可能产生的副作用做好心理准备和应对。比如，听闻化疗会引起脱发，她打算提前给自己订购两顶假发。听闻化疗会带来的胃肠反应，影响营养的摄入，她打算提前购置雀巢的速愈素来补充营养。与此同时，生活上也做出调整，比如：改变饮食结构和生活习惯，听闻吃素会对病情有好处，听闻冥想和自我催眠也会有积极效果，听闻早睡早起会提高身体免疫力……她打算把所有可能对病情有帮助的事情全部都尝试一遍。

第四至六个月：根据治疗的进展状况，她和丈夫会开始跟家里的老人、孩子以及亲戚们去沟通这件事。逐渐告诉大家真实的病情，也告诉大家治疗的进展，疗程的计划，可能的结果（最好的和最坏的结果），以及对结果的打算，全家人开始在心理上共同承担和接纳这件事。与此同时，对后期的治疗费用做一个评估，然后发动亲朋好友的力量分担经济上的重担，承担对老人和孩子的照顾，一起共渡难关。

以上就是她为自己做的计划。当这个生活计划拟订完成后，她说，心里感觉踏实多了，好像往后的生活都变得可以预见。之前每日彻夜失眠、以泪洗面，有了这个计划后，当晚她就恢复了正常睡眠，情绪也有了很大改善，终于可以安心地开始治疗。

由此，我们可以看到，当你知道了在接下来的时间里可能会发生什么、自己又该怎么做，你就不会沦陷在无穷无尽的想象中自己吓自己，你就可以把自己从想象中的恐惧里带回到当下，集中精力去应对当下的问题。在整个计划里面，我们自己可以选择和安排的部分越多，对于控制感的恢复就越有帮助，对于缓解心理上的焦虑和恐慌，也越有效果。

你也可以根据自己真实的病情，拟订一个关于生活与治疗的计划。可以是半年，可以是一年，也可以是三个月、两个月，都行。把所有治疗方面需要考虑的内容、所有你生活中需要考虑的人事物都放进去，对它们做一个计划和安排。当这个计划完成后，你心里就会踏实和安定很多。

第一阶段：

第二阶段：

____

____

____

____

____

第三阶段：

____

____

____

____

____

以上这些，是我在临床心理治疗工作中，与患者们一起探索出来的方法。在我们寻找到这些方法的路途上，经历了太多关于爱、关于勇气、关于挣扎与痛苦、关于重生与奇迹的故事。我们也希望，当你看到这些文字的时候，能够被温暖、被点亮，被我们的爱所包围与守护。

亲爱的，记住，不管身处怎样的黑暗，都不要放弃希望。我们的爱，永远是支持你的。

第 15 课

我在疾病治疗期间，如何缓解死亡焦虑？

人们常常误以为，死亡焦虑只会发生在真正临近死亡的人身上，然而，事实并非如此。在疾病的整个治疗期间内，死亡焦虑都会不时困扰着我们。严重时，还会给我们带来巨大的心理煎熬和痛苦。

我曾经接到过这样一个来访者。他第一次见面就对我说："唐老师，我太害怕死亡了，只要你能让我不怕，多少钱我都给你。"

他是一个肺癌早期患者，疾病的程度远远没有达到危及生命。

我问他，害怕的究竟是什么？他说："你知道这世上比死更可怕的是什么吗？是等死。想象在多少个月以后，你会被切开气管、胸腔插满管子、饱受折磨而死。然后每天早晨醒来，你就会告诉自己，嘿，小哥们，你的日子又少了一天……那种感觉有多恐怖，你懂吗？"

他说："我每一天都想自杀。我希望以各种方式猝死。死了就不痛苦了，解脱了。"

我问他："既然你那么怕死，为什么又想死呢？"

他说："没有什么比死亡本身，更能解决对死亡的恐惧。死了，就不怕了。"

我想了想，对他说："你害怕的不是死亡本身，而是，你对它的想象。"我们人类的想象力是无穷的。如果用它来自己吓自己，它真的可以吓死你。

在死亡焦虑这个问题上，我们日常的处理方法大都是回避，总觉得不谈它、转移注意力、不去关注这种恐惧，它就会慢慢消失。周围的人们也会给我们正能量，鼓励我们好好生活。这种方式最初我也用过。我对我的患者说："都会好的，乐观一点。不管余生多长，我们都要把它活好。"但我的患者告诉我："唐老师，我知道我该乐观，但我满脑子想的都是怎么死，根本想不到怎么好好活！”噢，我突然明白到，这种恐惧、这种对死亡的想象，它不会因我们的回避而消失，我们必须得面对和处理它。于是，我对我的患者说：“好，既然你满脑子想的都是怎么死，那就让我们来把它谈开、谈透。如果真有那么一天，你想怎么死？”

这是一个特别艰难的问题。但，很多患者都是偷偷想过的。就像前文中提到的那位患者，他理想的死法是猝死，没有痛苦。还有一些患者会告诉我：“要是我真有那么一天，我就吃安眠药自杀，或者，我就去跳河……”这些，其实都是他们为自己做的“灾备计划”。你或许会觉得不解，他们不是怕死吗，怎么又想死呢？仔细地觉察下来，你会发现，人们真正害怕的是“失控的死”，害怕的是“我很可能以一种自己不能接受的方式死去”。而，一旦我们对死亡拥有了选择权，也就拥有了一定的控制感，我们的心理恐惧就会减轻很多。所以，去探讨“如果不得不死，那我想怎么死？”这个话题，于我们其实是一个“控制感恢复”的过程。当然，我们要谈的不是“猝死更好，还是吃安眠药更好”，而是，我们去做一份完备和彻底的“灾备方案”，或者，我们可以把它叫作“死亡灾备计划”。

具体怎么做呢？跟大家继续分享我前文中提到的那位来访者的故事。于是，接下来我就跟他开始探讨这个“死亡灾备计划”。当然，如果你愿意的话，欢迎加入我们的探讨中来，我把发言的位置给你留出来了，你可以写下你想说的话。

关于“死亡灾备计划”的探讨

他：“唐老师，我知道我该乐观，但我满脑子想的都是怎么死，根本想不到怎么好好活！”

我：“好，既然你满脑子想的都是怎么死，那就让我们来把它谈开、谈透。如果真有那么一天，你想怎么死？”

他：“我想以一种痛苦最小的方式死。”

我：“好，那我们就来想一下，怎样才算痛苦最小的方式。别着急，一个细节一个细节的想明白。首先，你不能接受哪些死亡的方式？”

他：“我不能接受被切开气管，不能接受疼痛，不能接受一个人被留在 ICU 里见不到家人，不能接受创伤性抢救。如果医生推断，我就算抢救回来了也活不了几天，那就不要抢救我。”

你：

我："好，那你打算怎么做来避免这些情况发生？"

他："或许，我可以做一份生前预嘱（详情可以参见第4课），这样确保我不会被创伤性抢救。我还可以跟家人和医生商量好，不能把我送进ICU，不能切开气管，而且给我提供足够的镇痛药品，这些他们应该都能理解和支持我。我还可以给他们写一封信，把这些内容写下来，或者录一段视频，放在我朋友那里，如果我真的到了这样一天，就让我朋友把这些交给我的家人，他们应该会成全我的意愿。"

你：

____

____

____

____

我："那么接下来，我们来进一步假设，如果不得不死，你想怎么死？包括：你希望死在哪里？你死后希望被如何对待？你的葬礼如何安排？葬礼上的照片用哪张？你希望谁来参加葬礼、不希望谁来？你希望如何被安葬？葬在哪里？你的墓志铭上写什么——'这里埋葬着一个怎样的人'？你希望遗产如何分配？你希望你的家人如何生活下去？有什么样的资源可以帮助他们按你想要的方式生活下去……"

之后，我们用了三个咨询单元的时间，仔细地、逐一地去探讨这些问题，对其中的每一个细节都做了安排和规划。

他说："首先，我当然最希望能死在自己家里，但不一定可以实现。就像很多人一样，他们可能会死在医院里。那么，我得提前挑一家好医院。这一周我去看了好几家医院，对比了一下，觉得还是XX医院最适合，医疗条件设施要好，病房朝阳，可以躺在床上每天都看得见阳光。那个科室医生护士的性格也比较温柔，我得观察观察，看哪个医生、哪个护士脾气最好，我就在他们手下住院。这样，我在住院的时候就不用担心被粗暴对待，他们不会凶我、烦我，那我心情就舒服得多。

"其次，我是有宗教信仰的。在我们的信仰里不允许遗体火化，都得土葬的。我曾想过能否把遗体运回老家安葬，但不太现实，那就葬在北京吧。我了解下来，在北京卢沟桥附近是我们可以土葬的公墓区，我也去那里打听过墓地的价格，经济上还是可以承受的，我打算就葬在那里。至于墓志铭，我得再好好想想，这个不急，慢慢想着。

"至于葬礼的安排，我想，一切从简吧。在北京的亲戚朋友们通知一下，让他们来看看，老家的亲戚们就别通知了，他们跑一趟也折腾，没有意义。遗像呢就用我去年在大北照相馆拍的那张——精神！

"至于遗产，我都和妻子商量好了。我死后，她把房子卖了，把首付的钱还给我父母，让老人养老。剩下的钱，除去买墓地的，都留给她，正好我们也没孩子，也算给她留点嫁妆，希望她再找个好人嫁了，过得好点……”

在做完了这一系列的“死亡灾备计划”以后，他整个人都平静了下来。他说，虽然偶尔还是会想起死亡，但已经不像之前那么崩溃、那么恐惧，感觉心里踏实多了。从我们结束这个主题的探讨至今，已经是第四个年头，他告诉我，现在每天都很努力在积极乐观地生活。他说：“果然——知死方生，想明白怎么死了以后，真就能好好活了。”

你呢？如果此刻，你也被死亡焦虑深深困扰着，那你对以上问题的思考和回答又会是什么呢？可以尝试着去整理一下，相信对你也会有所帮助：

第 16 课

我在重疾晚期，如何缓解死亡焦虑？

其实，在开启这个话题的时候，我自己心里也没有答案。诚恳地说，在我陪伴肿瘤患者的过去 10 年中，每一次离别都是最艰难的功课。我们不得不以亲历者的身份去探讨这个话题，无可回避。因为死亡一如初生，都是我们无法选择的宿命。

好吧，既然它决意要来，我们也无法回避，那，就去面对它。我知道，当看到这些文字的时候，你已经在脑海里、在寂静中思考过很久了。或许，你已尝试过倾诉，或许，你依然在独自承受。没关系，来，让我和我的患者们，一起陪你聊聊。聊开了，就不恐惧了，心里就踏实了，人就从容了。

❶ 如果不得不死，如何才能“不死”？

这是一位晚期肝癌患者向我提出的问题，我在上一部作品《穿越生死的情书》中提到过他。他说：“唐老师，我知道自己时日无多，但我不甘心。我一直忍不住想，如果不得不死，我要怎样才能‘不死’？”

一开始，我不知如何回答。一个人的生命如果必须终结，那还有什么可以算作“不死”？又是什么，让他相信这“不死”的可能性确实存在？我想了想，除了我们的生物基因在子女身上的延续可以算作一种“不死”以外，大概，他所探寻的，是另一种意义。只要这“意义”活着，他便“不死”。

我说，我看过三种“不死”的方式，不知道会不会适合你：一种是“回忆不死”，一种是“价值不死”，还有一种是“器官不死”。

我们常常害怕的“人死万事空”，其实不是真的。人死不会万事空，而会留下许多的回忆，驻留在生者的心里。比如，我会想起去世的爷爷，想起他的音容笑貌，就像岁月定格在最温馨美好的瞬间，他在我心中不曾离开，亦不会老去。我想，只要我活着，他便也“活着”，活在我的生命和记忆里，宛如永生。这，便是“回忆不死”。我们可以通过相册、回忆录或者视频音频的记录，把我们想要“活下去”的记忆定格下来，留给我们爱的人。这样，我们便可以借由他们的生命，一直活下去。

说到“价值不死”和“器官不死”，这个想法源于一个人。她是我的另一位患者，45 岁，乳腺癌晚期，癌细胞已经骨转移。她在一个病友志愿者公益组织中担任“守护天使”，专门帮助病友们解决治疗期间的困难、开解心结，提供一切可能的支持。

她说：“我看着我的病友们，一个个好起来，我就开心。我觉得，自己虽然时日无多，但分分钟都活得有价值。我帮过的人会记得我，他们会认可我做的事，我来这世上一趟，能影响那么多人的生命，也算没有白来。我没活够的，他们会替我活下去。”

她还跟我说，打算在死后捐献所有器官：角膜、心脏、肾等。她说：“如果我死了，我的眼睛还在另一个人身上看见光明，我的心脏在另一个人胸腔里跳动，我的肾脏在另一个人身体里工作，这是不是代表，我就根本没有死。我的器官活着，我就活着。”

讲完这些故事，我问我的肝癌来访者：“你说，他们这样，算不算‘活着’？”

他沉默了很久，闭上眼睛，说，“让我想想”。

是的，生死面前，从没有“容易”二字。我们都需要好好想想，从生到死，从死到生。

关于这个话题——如果不得不死，如何才能“不死”？我想知道，你的看法：

❷ “对死亡的独特诠释”和“死后的生活”

曾有一位脑部肿瘤的患者，在我们咨询的最初，他抱有严重的死亡焦虑。

死亡让他联想到曾看过的关于宇宙和太空的科幻电影——“一个人死去，就好像生命被吸入宇宙中的黑洞。那是一个没有时间也没有空间的地方，什么存在也没有，没人知道等待你的是什么，你只能独自漂浮在无止境的虚空里，永远永远。那种感觉，想起来就令人恐惧。”

后来，在我们的咨询里，我开始帮助他探索“对死亡的独特诠释”以及建构“死后的生活。”

他说，他从小就喜欢科幻类的小说和电影。于是我问他，从科幻的视角，死亡有没有什么独特的诠释方式？

他想了想，说：“如果从科幻的视角来看，的确，死亡有可能是人类进化史以来最伟大的发明。因为，从人类诞生开始，就世世代代在不断努力地做着同一件事——让意识超越身体的限制。比如，人类发明望远镜，观测到超越肉眼能力的物体；人类发明火车、飞机、甚至太空飞行器，都是为了超越肉体的限制，更自由地与自然、与宇宙链接；人类创作小说、音乐、影视作品，也是为了让意识超越身体的限制，跨越时空，进入另一个纯意识的世界里。所以，或许死亡也遵循这样的逻辑，它是一个让意识彻底摆脱身体限制的方式。从某种角度上来说，死亡或许是生命的一种进化态，意识从此实现真正的自由，与自然和宇宙浑然一体。”

之后，我又问他：“如果真的是这样，你在死后，想过怎样的生活？”

他说：“我曾看过一部电影叫《超体》，英文名 LUCY。里边的女主角在死去以后，给男主角发了一条手机信息，上面写着‘我无处不在’。我忽然想到，或许死后，我的生活就是这样，跨越时间和空间的限制，无处不在。这样真好！”

最终，他带着美好的愿望安然离世。在人生的最后一段旅程里，终于能够平静和释然。

我想，对于很多人而言，死亡的可怕之处在于，它是生命的终点。似乎，在它之后就不会再有生命和生活了。然而，从灵性的角度来看，事情不一定如此。不过，这与宗教信仰并无关系。只要你愿意打开心扉，从更广阔的视角来看待生命，那么，在死亡之后，生活依然可以有无限延展的可能性。而如果，死亡本身不是一个终结，而是另一种“生活”的开始，我们又有什么好恐惧的呢？

关于下边这个话题，请详细参照本书第 2 课“死后的世界”之后再来作答。

对于死亡，你有什么样的独特诠释？

死后，你想过怎样的生活？

❸ 关于死亡的“灾备计划”

在上一课“我在疾病治疗期间，如何缓解死亡焦虑？”里，我们仔细探讨过关于“死亡的灾备计划”。可以按照上节课的指引，尝试把你自己的灾备计划内容整理出来，这会对你内心的安定和平静有很大帮助。

我的灾备计划：

人的一生，好像一场旅程。

我们曾以为，它是一段从此端到彼端的跨越，我们以为“那边风景独好”，所以跋山涉水、星夜兼程，奔忙在追寻远方的路上。

殊不知，生命其实是一场归返。从起点回到原点。

那边并没有风景独好，和这边差不多而已。翻山越岭也并没有让你成为不一样的自己，任何时候回首，你都是你。

你只是付出了太多，去换取一场莫须有的抵达。

所幸，现在归来还不晚。

归来吧，活在每一个当下。不畏前路，不念往昔。

后记

知死方生，余生为爱

本书收笔的时候，是 2020 年 1 月。

北京城。大寒刚过，立春尚早。窗外薄雾缭绕，宽阔的街道空无一人。这一年的春节，前所未有的清冷。

手机和电视里不断推送着疫情播报，新型冠状病毒的阴影笼罩着神州大地。武汉在加油，“逆行者”（医生）们在从全国各地奔赴前线，社会各界、举国内外在竭尽所能提供支援……与此同时，焦虑的气息也在每个人心底悄然蔓延。

我的手机日夜不停地收到求助信息，他们问我：“唐老师，我该怎么办？我睡不着、吃不下，心里总想着可怕的念头，担心自己和家人会染病。虽然知道待在家里是安全的，但我还是忍不住害怕……”

何医生的医院里，短期内涌入大量心理焦虑的患者，因怀疑自己被感染而来就诊，远远超于实际感染人数。医护人员工作量短时剧增，整个医疗体系被疾病和人们的心理焦虑压得不堪重负。

这，不仅仅是一场关乎疾病的战争，它更是一场人类与死亡焦虑的较量。事实上，这场较量从人类诞生以来就从未停止过。只是，唯有在这样的时刻，我们才不得不沉下心来，与它对视，与它交谈。

而在这样的时刻，《知死方生：生死必修课》的到来，更显得珍贵。继《穿越生死的情书》之后，我们再一次把这个主题放在你的面前，与你长谈。我们希望，它像一盏茶，苦而回甘，留给你丝丝清明，于浊世不染；我们希望，它像一盏灯，于暗淡长夜里点亮微光，前路再崎岖，心亦有温暖。

也许，我们无法改变生死，但我们可以护佑好自己的心，让它得以抚慰、得以安宁。

泰戈尔的《飞鸟集》里有一句话：“你微笑地看着我，不语。

而我知道，为了这个，我已等待了很久。”

当你读完这本书，当我们完成彼此的倾诉，我知道，我们会微笑地对视，不再需要任何言语。

知死方生，余生为爱。

为了这，我们都已等待了太久。

唐婧

2020 年 1 月

图书在版编目（CIP）数据

知死方生：生死必修课 / 唐婧，何心著. —北京：中国工人出版社，2020.4
ISBN 978-7-5008-7362-4

Ⅰ.①知… Ⅱ.①唐… ②何… Ⅲ.①人生哲学—通俗读物
Ⅳ.①B821-49

中国版本图书馆CIP数据核字（2020）第035381号

知死方生：生死必修课

出 版 人	王娇萍
责任编辑	王　宁
责任印制	黄　丽
出版发行	中国工人出版社
地　　址	北京市东城区鼓楼外大街45号　邮编：100120
网　　址	http://www.wp-china.com
电　　话	（010）62005043（总编室） （010）62005039（印制管理中心） （010）62379038（社科文艺分社）
发行热线	（010）62005049　（010）62005042（传真）
经　　销	各地书店
印　　刷	三河市国英印务有限公司
开　　本	880毫米×1230毫米　1/32
印　　张	6.25
字　　数	123千字
版　　次	2020年6月第1版　2020年6月第1次印刷
定　　价	39.80元

本书如有破损、缺页、装订错误，请与本社印制管理中心联系更换